STÜTZPFEILER MATHEMATIK

Wichtige Bausteine alltagsnaher Mathematik der Schuljahre 5–8

Herausgegeben von
Friedrich Zech und Martin Wellenreuther

Bruchrechnung 1
Grundlagen der Bruchrechnung

5./6. Schuljahr

von
Martin Wellenreuther

Cornelsen

STÜTZPFEILER MATHEMATIK

Die Hefte sollen Schülerinnen und Schülern ein *selbständigeres Erarbeiten und Wiederholen* wichtiger Teilgebiete der Mathematik ermöglichen und somit eine nützliche Ergänzung zum eingeführten Schulbuch sein.

Dennoch können die Hefte die *Hilfe einer Lehrerin oder eines Lehrers nicht überflüssig* machen. Auch hier müssen zusätzliche Erklärungen, Übungen, Zusammenfassungen und Rückmeldungen gegeben und Schwierigkeiten aufgegriffen werden.

Um jedoch ein selbständigeres Arbeiten der Schülerinnen und Schüler zu ermöglichen, bemühen wir uns vor allem in folgender Richtung:

1. Verständlichkeit von Erklärungen/Herausstellung des Wichtigsten

Wir legen großen Wert auf verständliche Erklärungen, die bessere Schülerinnen und Schüler möglichst ohne größere Hilfe des Lehrers verstehen können und damit der Lehrerin/dem Lehrer Zeit geben, den Schwächeren stärker zu helfen. Auch die „Schwächeren" können mit dem Heft leicht etwas nacharbeiten oder wiederholen. Das Wichtigste wird in Zusammenfassungen, Wiederholungen und anhand von Testaufgaben immer wieder besonders herausgestellt.

2. Begrenzung des Stoffs für die Schwächeren

Das Stoffangebot sollte für schwächere Schülerinnen und Schüler auf das unbedingt Notwendige beschränkt werden, damit sie wenigstens dieses besser verstehen (statt vieles anzufangen und am Ende nichts richtig zu können).

3. Wirklichkeitsnahe Aufgaben

Wichtig war uns auch, wirklichkeitsnahe Aufgaben anzubieten. Nur so lernt man, wichtige Alltagsaufgaben zu lösen.

4. Eigene Überprüfungsmöglichkeiten der Schülerinnen und Schüler

Für die Schülerinnen und Schüler besteht die Möglichkeit, Lösungen und Lösungswege in dem beigefügten Lösungsteil selbst zu kontrollieren. So sind sie nicht ständig auf die Lehrerin oder den Lehrer angewiesen, der immer sagen müßte, was richtig oder falsch ist.

Hinweis für die Lehrerin/den Lehrer

Methodisch-didaktische und lernpsychologische Hintergründe sowie Ergebnisse und Erfahrungen unserer langjährigen Entwicklungsarbeit (Projekt „TELEMA") für die Hefte dieser Unterrichtsreihe finden Sie in unserem Lehrerhandbuch „Mathematik erklären / verstehen": Eine Methodik des Mathematikunterrichts, erläutert an wesentlichen Inhalten der Klassen 5 bis 8 (in Vorbereitung; Best.-Nr. 591719).

Liebe Schülerin! Lieber Schüler!

In diesem Heft wollen wir uns mit **„Brüchen"** beschäftigen.

Einige Brüche wie $\frac{1}{2}$ (gelesen „ein Halb"), $\frac{2}{3}$ (gelesen „zwei Drittel") oder $\frac{3}{4}$ (gelesen „drei Viertel") kennst du sicher schon:

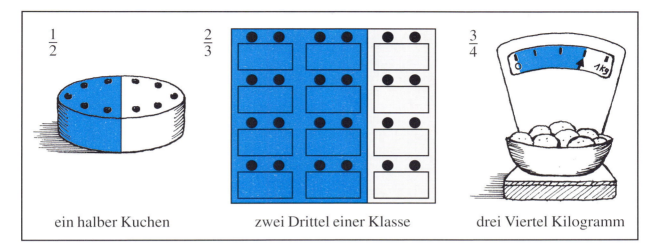

ein halber Kuchen   zwei Drittel einer Klasse   drei Viertel Kilogramm

Diese Beispiele verdeutlichen, **wozu** Brüche gut sind: Man braucht die Brüche, um Bruchteile eines „Ganzen" (Kuchen, Klasse, Kilogramm) **genauer bezeichnen oder messen zu können**.

Brüche wie $\frac{1}{2}$, $\frac{2}{3}$ oder $\frac{3}{4}$ sind eine **neue Sorte von Zahlen**. Mit diesen „Bruchzahlen" muß man anders umgehen als mit den „natürlichen Zahlen" wie 1, 2, 3 . . .

Das siehst du schon an dem folgenden **Beispiel**:

$\frac{1}{2}$ ist viel größer als $\frac{1}{8}$, obwohl 2 kleiner ist als 8!

Du möchtest doch auch lieber eine halbe Tafel als eine achtel Tafel Schokolade.

Es ist sehr wichtig, daß du genaue Vorstellungen darüber bekommst, **was die Brüche bedeuten**. Um dir dabei zu helfen, verwenden wir häufig Veranschaulichungen der Bruchteile, z. B. Kreisscheiben, Rechtecke oder Strecken.

Zum Beispiel:

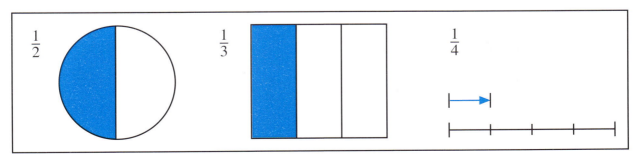

Einige dieser Veranschaulichungen kannst du dir für deine „Bruchmappe" selber herstellen. Wenn du dir mit Hilfe dieser Veranschaulichungen immer klar machst, was die Brüche bedeuten, wirst du mit der Bruchrechnung keine großen Schwierigkeiten haben.

In diesem Heft werden dir die Grundlagen der Bruchrechnung ausführlicher als in einem Schulbuch erklärt. Dadurch kannst du mit dem Heft auch **selbständiger** arbeiten. Was machst du, wenn du etwas im Heft nicht verstehst?

Du hast folgende Möglichkeiten:

1. Du liest im Heft den entsprechenden Abschnitt noch einmal langsam dadurch.
2. Ist dann noch etwas unklar, dann fragst du deinen Nachbarn.
3. Erst wenn dann noch Fragen offen bleiben, wendest du dich an deine Lehrerin oder deinen Lehrer.

Wenn du die Aufgaben zu einem Abschnitt gelöst hast, dann vergleiche zur Kontrolle deine Lösungen mit denen im Lösungsheft. Beachte dabei, daß es nicht nur auf die richtigen Ergebnisse, sondern auch auf den richtigen **Lösungsweg** ankommt.

Hinweise: **1*** ⟵ Ein Sternchen bezeichnet eine etwas schwierigere Aufgabe.   ⋮ Dieses Zeichen bedeutet, daß ihr diese Aufgabe am besten zu zweit löst.

Und nun viel Spaß mit den Brüchen!

Inhaltsverzeichnis

1.1 Brüche im Haushalt

Viele Brüche begegnen dir im Haushalt. Hier ein paar Beispiele:

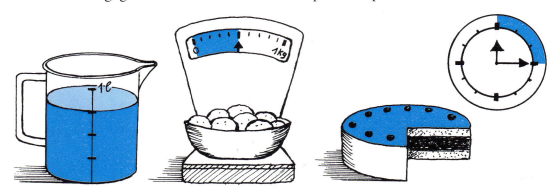

Aufgaben

1 Welche Bruchteile sind in der Abbildung dargestellt? Ergänze.

2 Welche Bruchteile einer Stunde werden durch die gefärbten Teile der Kreisscheibe dargestellt? Ergänze.

a) $\frac{3}{4}$ *l* Milch   b) $\frac{1}{2}$ kg Kartoffeln

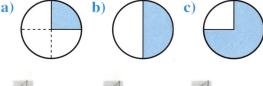
a)   b)   c)

c) $\frac{1}{4}$ Kuchen   d) $\frac{1}{15}$ nach 12

$\frac{1}{4}$ Stunde $\frac{1}{2}$ Stunde $\frac{1}{4}$ Stunde

1.2 Die Schreibweise von Brüchen

An Bruchteilen eines Kuchens kannst du einiges über Brüche lernen.

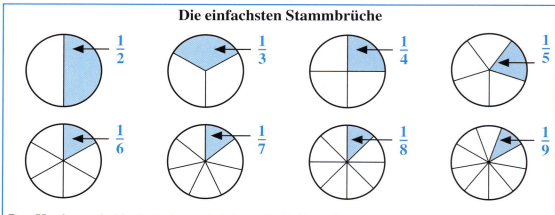

Die einfachsten Stammbrüche

Der Kuchen wird in 2, 3, 4 . . . **gleichgroße** Teile aufgeteilt, und jeweils ein Teil davon wird genommen. Der Bruchteil entspricht immer dem blauen Teil.

Bei diesen Brüchen steht immer über dem Bruchstrich eine 1. Diese Brüche nennt man **Stammbrüche**. Unter dem Bruchstrich steht, in wie viele gleichgroße Teile das Ganze aufgeteilt wird. Bei den Stammbrüchen wird der Bruchteil immer kleiner, je größer die Zahl unter dem Bruchstrich wird. $\frac{1}{2}$ eines Kuchens ist größer als $\frac{1}{3}$, $\frac{1}{3}$ ist größer als $\frac{1}{4}$ usw.

Merke

Die **Zahl unter dem Bruchstrich** bezeichnet man als **Nenner**. Der Nenner „benennt" die Art des Bruchs. Er gibt an, in wie viele gleichgroße Teile das Ganze aufgeteilt wird.

Aufgaben

1 Nehmt ein Blatt Papier und zeichnet **vier** Streifen, die 12 cm lang und 1 cm breit sind.

a) Unterteilt den ersten Streifen in **zwei** gleichgroße Teile; malt einen Teil davon farbig aus. Welcher Bruchteil des ganzen Streifens ist das?

Beispiel:

$$\frac{1}{2}$$

b) Unterteilt den zweiten Streifen in **drei** gleichgroße Teile, den dritten Streifen in **vier** gleichgroße Teile und den vierten Streifen in **sechs** gleichgroße Teile. Malt immer einen Teil des Streifens farbig aus. Welche Bruchteile des ganzen Streifens sind das? Beschriftet die Bruchteile wie im Beispiel.

c) Schneidet nun die vier Streifen aus, um die Bruchteile gut miteinander vergleichen zu können.

Tip
Hebt die vier Streifen in einer Bruchmappe auf, um später damit arbeiten zu können.

2 Vergleicht nun die Streifen genauer miteinander.

a) Wie viele Viertel eines Streifens passen in einen halben Streifen?

Notiert: $\quad \boxed{} \cdot \frac{1}{4} = \frac{1}{2}$

b) Wie viele Sechstel eines Streifens passen in einen halben Streifen?

$$\boxed{} \cdot \frac{1}{6} = \frac{1}{2}$$

c) Wie viele Sechstel eines Streifens passen in ein Drittel eines Streifens?

$$\boxed{} \cdot \frac{1}{6} = \frac{1}{3}$$

3 Ein Schüler behauptet: „Ein Sechstel eines Streifens ist größer als ein Viertel eines Streifens, weil 6 größer ist als 4."

Warum ist diese Behauptung **falsch**? Schaut dazu noch einmal die Streifen an.

Antwort: Ein Sechstel eines Streifens ist $\boxed{}$ als ein Viertel eines Streifens, weil der Streifen für das Sechstel in $\boxed{}$ Teile unterteilt wird als für das Viertel.

4 Gib an, welche Bruchteile gefärbt sind. Schreibe mit Bruchstrich.

Beispiel: **a)**   **b)**

$\dfrac{1}{3}$

c)   **d)**

e)   **f)**

5 Welcher Bruchteil des Rechtecks ist gefärbt? Ergänze.

Beispiel: **a)**

$3 \cdot \dfrac{1}{4} = \dfrac{3}{4}$

Drei Viertel   *Vier Fünftel*

b)   **c)**

     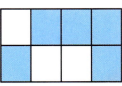

$2 \cdot \dfrac{1}{3} = \dfrac{2}{3}$ $5 \cdot \dfrac{3}{8} = \dfrac{5}{8}$

Zwei Drittel   *Fünf Achtel*

> Die **Zahl über dem Bruchstrich** „zählt", wie viele Teile eines Ganzen genommen werden. Sie heißt **Zähler**.

Mache dir an den folgenden Beispielen auf der nächsten Seite klar, was der **Nenner** und was der **Zähler** bedeutet.

6 Ergänze.

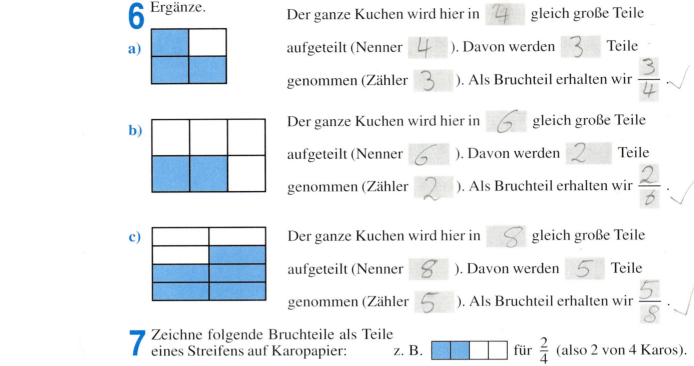

a) Der ganze Kuchen wird hier in 4 gleich große Teile aufgeteilt (Nenner 4). Davon werden 3 Teile genommen (Zähler 3). Als Bruchteil erhalten wir $\frac{3}{4}$ ✓

b) Der ganze Kuchen wird hier in 6 gleich große Teile aufgeteilt (Nenner 6). Davon werden 2 Teile genommen (Zähler 2). Als Bruchteil erhalten wir $\frac{2}{6}$. ✓

c) Der ganze Kuchen wird hier in 8 gleich große Teile aufgeteilt (Nenner 8). Davon werden 5 Teile genommen (Zähler 5). Als Bruchteil erhalten wir $\frac{5}{8}$. ✓

7 Zeichne folgende Bruchteile als Teile eines Streifens auf Karopapier: z. B.  für $\frac{2}{4}$ (also 2 von 4 Karos).

Hinweis
Nimm bei **Vier**teln **vier** Kästchen, bei **Sechs**teln **sechs** Kästchen für den ganzen Streifen usw.

a) $\dfrac{5}{6}$

b) $\dfrac{3}{4}$

c) $\dfrac{7}{8}$

d) $\dfrac{3}{5}$

e) $\dfrac{7}{9}$

f) $\dfrac{3}{7}$

Merke

$$\text{Bruch} = \frac{\text{Zähler}}{\text{Nenner}}$$

Der **Nenner** „benennt" den Bruch, indem er angibt, in wie viele gleich große Teile das Ganze aufgeteilt wird.
Der **Zähler** „zählt" die Teile, die davon genommen werden.

1.3 Halbe, Viertel und Achtel

Diese Bruchteile kann man leicht durch Falten eines Blattes Papier herstellen. Wir falten drei Papierblätter so, wie es in der Zeichnung angegeben ist. Unter der Zeichnung steht, welcher Anteil des Blatts jeweils blau ist.

Tip
Hebt die Faltblätter in eurer Bruchmappe auf.

1. Faltblatt **2. Faltblatt** **3. Faltblatt**

Ein Ganzes Ein Halbes Ein Viertel Ein Achtel

Durch das Falten hast du die Blätter in Bruchteile aufgeteilt: beim 1. Faltblatt in zwei Hälften, beim 2. Faltblatt in vier Viertel, beim 3. Faltblatt in acht Achtel. Ein ganzes Blatt Papier besteht aus zwei Hälften oder vier Vierteln oder acht Achteln.

Man kann dafür auch schreiben: $1 = \dfrac{2}{2} = \dfrac{4}{4} = \dfrac{8}{8}$.

1 a) Zeigt an den Faltblättern, wieviel **Viertel** und wieviel **Achtel** ein halbes Blatt enthält. Ergänzt. $\dfrac{1}{2}$ Blatt $= \dfrac{}{4}$ Blatt $= \dfrac{}{8}$ Blatt

b) Wieviel Achtel enthält ein dreiviertel Blatt? $\dfrac{3}{4}$ Blatt $= \dfrac{}{8}$ Blatt

2 Wie viele Halbe, Viertel und Achtel sind in $2\dfrac{1}{2}$ Faltblättern enthalten?

Beachte

$2\dfrac{1}{2}$ steht für $2 + \dfrac{1}{2}$

$2\dfrac{1}{2} = \dfrac{}{2} = \dfrac{}{4} = \dfrac{}{8}$

3 Welcher Bruchteil eines Liters ist im Milchtopf?

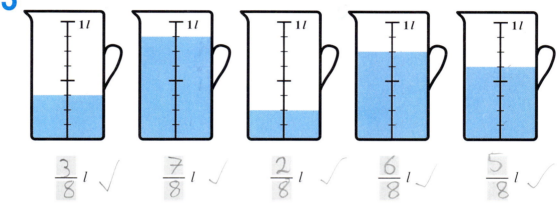

$\dfrac{3}{8}\,l$ ✓ $\dfrac{7}{8}\,l$ ✓ $\dfrac{2}{8}\,l$ ✓ $\dfrac{6}{8}\,l$ ✓ $\dfrac{5}{8}\,l$ ✓

4 Ihr habt jeweils Meßbecher, in die $\dfrac{1}{2}\,l$, $\dfrac{1}{4}\,l$ oder $\dfrac{1}{8}\,l$ passen.

Mit diesen Meßbechern werden Flüssigkeitsmengen abgefüllt. Das Abfüllen von Meßbechern führt ihr am besten mit der ganzen Klasse durch.

a) Um einen $2\,l$-Behälter zu füllen, müßt ihr

➡ den $\dfrac{1}{2}\,l$-Becher ☐ mal auskippen;

➡ den $\dfrac{1}{4}\,l$-Becher ☐ mal auskippen;

➡ den $\dfrac{1}{8}\,l$-Becher ☐ mal auskippen;

b) Ergänzt: $2\,l = \dfrac{}{2}\,l = \dfrac{}{4}\,l = \dfrac{}{8}\,l$

c) Wie oft müßt ihr die verschiedenen Meßbecher auskippen, um $3\dfrac{1}{2}\,l$ in einen Behälter zu füllen?

Ergänzt: $3\dfrac{1}{2}\,l = \dfrac{}{2}\,l = \dfrac{}{4}\,l = \dfrac{}{8}\,l$

Beachte

$3\dfrac{1}{2}\,l = 3\,l + \dfrac{1}{2}\,l$ (nicht: $3 \cdot \dfrac{1}{2}\,l$!)

5 Für ein Sommerfest wurde ein Faß mit 50 Liter Bier eingekauft.

a) Wie viele Halb-Litergläser Bier könnte man etwa damit ausschenken?

b) Wie viele Viertel-Litergläser Bier könnte man etwa damit ausschenken?

c) Ergänzt: $50\,l = \dfrac{}{2}\,l = \dfrac{}{4}\,l$

6 a) Fritz kauft $\dfrac{1}{4}$ kg Butter,

Martina kauft $\dfrac{1}{8}$ kg Butter.

Wer von beiden kauft die größere Menge? *Fritz* ✓

b) 1 kg $= 1000$ g

Ergänzt: $\dfrac{1}{4}$ kg $= 1000$ g $: 4 = $ ☐ g

$\dfrac{1}{8}$ kg $= $ ☐ g

1.4 Vermischte Aufgaben

1
a) Stellt nach den Anweisungen auf Seite 64 eine Bruchscheibe her.

b) Stellt nun auf der Bruchscheibe die Brüche $\frac{2}{12}$ und $\frac{3}{5}$ ein, wie es die Beispiele zeigen. So könnt ihr prüfen, ob ihr mit der Bruchscheibe umgehen könnt.

c) Macht euch an der Bruchscheibe klar, daß $\frac{2}{8} = \frac{1}{4}$; $\frac{2}{10} = \frac{1}{5}$; $\frac{2}{12} = \frac{1}{6}$; $\frac{4}{12} = \frac{1}{3}$

Beachtet Ihr könnt auf der Bruchscheibe nicht nur Achtel, Zehntel und Zwölftel einstellen, sondern auch Drittel, Viertel, Fünftel und Sechstel.

d) Stellt alle auf Seite 60 angegebenen Brüche mit der Bruchscheibe ein.

e) Zeichnet die Brüche in die Kreise auf Seite 60 ein. Verwendet dabei die vorgegebene Achtel-, Zehntel- und Zwölfteleinteilung.

2 Wo wird der Bruch $\frac{1}{4}$ falsch dargestellt? Streicht die falschen Darstellungen durch.

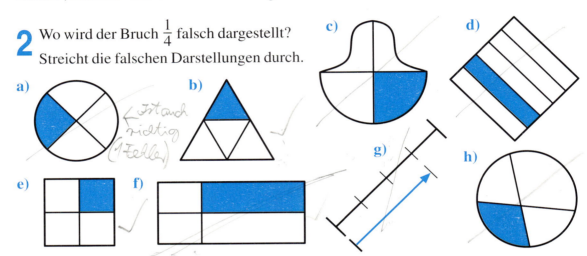

3 Darf man einfach sagen: „Ein Viertel ist soviel wie 1 von 4 Teilen?" Wie muß man genauer sagen?

4 Stellt die folgenden Brüche als Bruchteile von Streifen dar. Die Streifen sollten so lang sein, daß sie gut in **drei gleiche Teile (bei Dritteln)**, **vier gleiche Teile (bei Vierteln)**, usw. unterteilt werden können. Ein Ganzes kann dabei unterschiedlich groß sein. In den Beispielen machen die Klammern deutlich, was das Ganze sein soll.

Beispiel 1: Einfacher Bruch

$\frac{2}{3}$

1 Ganzes

Beispiel 2: Gemischter Bruch

$\frac{5}{4} = 1 + \frac{1}{4} = 1\frac{1}{4}$

1 Ganzes

Bruch	Darstellung		Bruch	Darstellung
a) $\frac{1}{3}$			d) $\frac{3}{2}$	
b) $\frac{3}{4}$			e) $\frac{6}{5}$	
c) $\frac{2}{5}$			f) $\frac{7}{3}$	

5 Stelle die folgenden Brüche mit Hilfe von Pfeilen als Bruchteile von Strecken dar.

Beispiel: $\frac{3}{4}$

Bruch	Darstellung
a) $\frac{2}{5}$	
b) $\frac{3}{7}$	
c) $\frac{5}{6}$	
d) $\frac{3}{8}$	

6 Zeige in den folgenden Beispielen, was **Nenner** und **Zähler** bedeuten. Ergänze (vgl. Seite 6 und Seite 7).

a) **Bruchteil einer Strecke**   **Bruch**

Nenner [ ] , weil die ganze Strecke in [ ] gleichgroße Teile unterteilt wird.

Zähler [ ] , weil davon [ ] Teile genommen werden.

b) **Bruchteil „Schwimmer einer Klasse"**

$\frac{16}{20}$

Beachte
Jeder Schüler der Klasse stellt den gleichen Teil dar!

Nenner 20 , weil die ganze Klasse in 20 gleichgroße Teile unterteilt wird.

Zähler 16 , weil davon 16 Teile genommen werden.

7 Wieviel cm sind das? Schreibe ausführlich wie im Beispiel.

Beispiel: $\frac{1}{4}$ m = 25 cm, weil

$$\frac{1}{4} \text{ m} = 100 \text{ cm} : 4 = \textbf{25 cm}$$

Beachte: 1 m = 100 cm

a) $\frac{1}{2}$ m = [ ] cm, weil

b) $\frac{1}{5}$ m = [ ] cm, weil

c) $\frac{1}{10}$ m = [ ] cm, weil

d) $\frac{1}{100}$ m = [ ] cm, weil

8 Und wieviel cm sind das? Schreibe die Antwort ausführlich wie im Beispiel.

Beispiel:

$\frac{3}{4}$ m = 75 cm, weil

$\frac{1}{④}$ m = 100 cm : ④ = **25 cm** und

$\frac{③}{4}$ m = ③ · 25 cm = **75 cm**.

a) $\frac{4}{5}$ m = [ ] cm, weil

[ ] und

[ ]

b) $\frac{7}{10}$ m = [ ] cm, weil

[ ] und

[ ]

Merke:

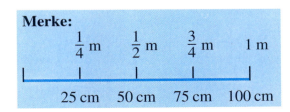

9 Trage die fehlenden Ziffern in die Kästchen ein. Stelle zuerst fest, in wie viele Teile ein ganzes Kilogramm aufgeteilt ist.

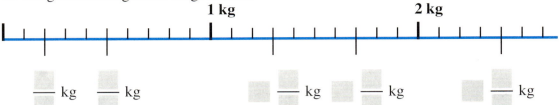

$\dfrac{\square}{\square}$ kg $\dfrac{\square}{\square}$ kg $\dfrac{\square}{\square}$ kg $\dfrac{\square}{\square}$ kg $\dfrac{\square}{\square}$ kg

10 Wieviel Gramm sind das?

a) $\dfrac{1}{2}$ kg = ☐ g

b)* $\dfrac{1}{8}$ kg = ☐ g

c) $\dfrac{3}{2}$ kg = ☐ g

Beispiel:

$\dfrac{1}{4}$ kg = 1000 g : 4 = 250 g

$\dfrac{3}{4}$ kg = 3 · $\dfrac{1}{4}$ kg = 3 · 250 g = **750 g**

d)* $\dfrac{3}{8}$ kg = ☐ g

11 Maßeinteilungen gehen häufig über 1 Ganzes hinaus. Die folgende Maßeinteilung einer Waage reicht bis 5 kg. Ergänze.

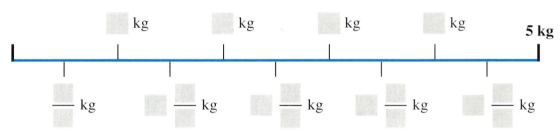

☐ kg   ☐ kg   ☐ kg   ☐ kg   **5 kg**

$\dfrac{\square}{\square}$ kg $\dfrac{\square}{\square}$ kg $\dfrac{\square}{\square}$ kg $\dfrac{\square}{\square}$ kg $\dfrac{\square}{\square}$ kg

12 Rechne in Gramm um.

a) $1\dfrac{1}{2}$ kg = ☐ g   **c)** $2\dfrac{1}{4}$ kg = ☐ g

b) $1\dfrac{3}{4}$ kg = ☐ g   **d)** $3\dfrac{3}{8}$ kg = ☐ g

Merke

$\dfrac{1}{4}$ kg	$\dfrac{1}{2}$ kg	$\dfrac{3}{4}$ kg	1 kg
250 g	500 g	750 g	1000 g

13 Bei einem 1000 m-Lauf hast du $\dfrac{3}{4}$ der Strecke hinter dir, da geht dir die Puste aus.

a) Welchen Bruchteil der Strecke mußt du noch laufen?
b) Wieviel m bist du schon gelaufen?
c) Wieviel m mußt du noch laufen?

Beachte » $\dfrac{3}{4}$ von ... « bedeutet »Erst (: 4) , dann (· 3) «

14* Wie viele Meter sind das?

a) $\dfrac{3}{4}$ von 1500 m = ☐ m   **b)** $\dfrac{3}{4}$ von 5000 m = ☐ m

15 Welchen Bruchteil von 1000 m bist du gelaufen?

a) nach 200 m = ⎯

b) nach 500 m = ⎯

c) nach 250 m = ⎯

Beachte
Dies ist auch eine
Übersicht einiger
wichtiger Brüche
im Alltag.

16 Stelle dir am Ende dieses Kapitels eine Übersicht über die wichtigsten Umwandlungen von Längen, Gewichten und Zeiten zusammen. Ergänze.

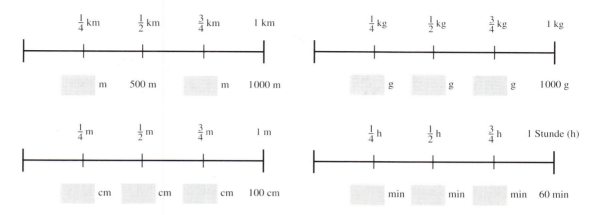

1.5 Zusammenfassung: Das Wichtigste zu den Brüchen

Zusammenfassung

Die häufigsten Brüche

Kreisdarstellungen		Rechteckdarstellungen	Beispiele
	$\dfrac{1}{2}$		$\dfrac{1}{2}$ m = 50 cm $\dfrac{1}{2}$ kg = 500 g
	$\dfrac{1}{3}$		$\dfrac{1}{3}$ h = 20 min
	$\dfrac{1}{4}$		$\dfrac{1}{4}$ m = 25 cm $\dfrac{1}{4}$ kg = 250 g
	$\dfrac{3}{4}$		$\dfrac{3}{4}$ m = 75 cm $\dfrac{3}{4}$ kg = 750 g

Die Bruchschreibweise

$$\text{Bruch} = \frac{\text{Zähler}}{\text{Nenner}}$$

Der **Nenner** „benennt" den Bruch. Er gibt an, in **wie viele gleiche Teile das Ganze unterteilt wird**.

Der **Zähler** „zählt" die Teile. Er gibt an, **wie viele Teile genommen werden**.

Beispiel: $\dfrac{3}{4}$ eines Ganzen = (Das Ganze : 4) · 3

1. Wo wird $\frac{1}{3}$ nicht richtig dargestellt? Streiche diese falschen Veranschaulichungen durch.

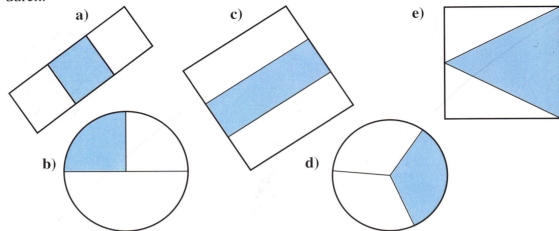

a)   c)   e)

b)   d)

2. Stelle folgende Brüche mit Hilfe von Streifen auf Karopapier dar und schraffiere jeweils den Bruchteil vom Ganzen.

(Wähle das Ganze jeweils so, daß sich der Bruch gut zeichnen läßt.)

a) $\frac{1}{4}$
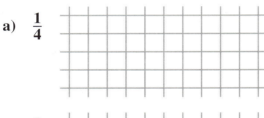

b) $\frac{3}{4}$
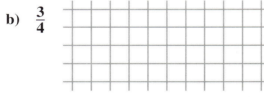

c) $\frac{3}{5}$
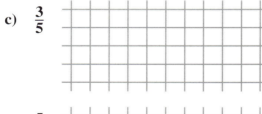

d) $\frac{5}{7}$
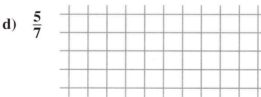

3. Ergänze. Durch den Nenner eines Bruchs wird festgelegt, in wie viele

Durch den Zähler wird festgelegt, wie viele

4. Ein Ganzes wird in 8 gleichgroße Stücke unterteilt. Davon werden 3 Stücke genommen.

Welchen Bruchteil erhält man?

5. Welcher Bruch ist größer? Umkreise jeweils den größeren Bruch.

a) $\frac{1}{4}$ oder $\frac{1}{2}$ c) $\frac{1}{4}$ oder $\frac{1}{6}$

b) $\frac{1}{4}$ oder $\frac{2}{4}$ d) $\frac{3}{4}$ oder $\frac{3}{8}$

6. Erläutere, warum der Bruchteil $\frac{1}{3}$ größer ist als der Bruchteil $\frac{1}{4}$.

7. a) Wieviel cm sind $\frac{3}{4}$ m?

$\frac{3}{4}$ m =   cm

b) Wieviel cm sind ungefähr $\frac{1}{3}$ m?

=   cm

c) Wieviel cm sind ungefähr $\frac{2}{3}$ m?

=   cm

d) Wieviel cm sind $1\frac{1}{2}$ m?

=   cm

2 Verschiedene Bruchsituationen

3 Tafeln Schokolade sollen unter vier Kindern gerecht aufgeteilt werden:

Brüche können dir im Alltag in drei verschiedenartigen Situationen („Bruchsituationen") begegnen:

1. Bruchsituation: Ein Ganzes wird aufgeteilt

Eine Pizza wird in 6 gleichgroße Stücke aufgeteilt.
Ein Kind bekommt 2 Stücke davon. Welcher Bruchteil der Pizza ist das?

Weißt du jetzt schon, wieviel Schokolade ne Person bekommt, wenn 3 Tafeln unter 4 Kindern gerecht aufgeteilt werden?

2. Bruchsituation: Mehrere Ganze werden verteilt

Zwei Pizzas werden an 5 Kinder verteilt.
Welchen Bruchteil einer Pizza bekommt jedes Kind?

3. Bruchsituation: Der Teil einer Gesamtheit wird als Bruchteil ausgedrückt

12 von 19 Kindern einer Klasse sind Mädchen.
Welcher Bruchteil der Klasse ist das?

Diese drei Bruchsituationen werden auf den nächsten Seiten ausführlich besprochen.

2.1 Die 1. Bruchsituation: Ein Ganzes wird aufgeteilt

Beispiel

Ein Kuchen wird in 8 gleichgroße Stücke aufgeteilt. Dirk ißt 3 dieser Stücke. Welchen Bruchteil des Kuchens hat er gegessen?

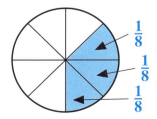

1 Stück entspricht einem Achtel des Kuchens.
3 Stücke entsprechen 3 mal einem Achtel des Kuchens.

Kurz: $3 \cdot \dfrac{1}{8} = \dfrac{3}{8}$

Antwort: Dirk hat $\dfrac{3}{8}$ des Kuchens gegessen.

Hier wird immer **ein Ganzes** (ein Kuchen oder Ähnliches) in eine **Anzahl gleichgroßer Teile** (hier 8) aufgeteilt. Du nimmst eine bestimmte Anzahl dieser Teile (hier 3).

Merke

Der Bruch ist $\dfrac{\text{bestimmte Anzahl von Teilen}}{\text{Anzahl aller Teile}}$ (hier $\dfrac{3}{8}$)

Die 1. Bruchsituation kommt recht häufig vor; im 1. Kapitel gab es dazu schon viele Aufgaben. Bei den folgenden Aufgaben kannst du überprüfen, ob du in allen solchen Situationen die Brüche sicher erkennst.

1 Eine Tafel Schokolade wird in 6 Riegel zerbrochen. Marita bekommt zwei Riegel davon. Welchen Bruchteil der Tafel Schokolade bekommt sie?

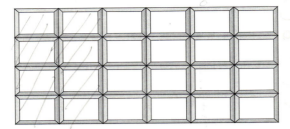

Schraffiere den Bruchteil der Tafel Schokolade, den Marita bekommt.

Antwort: Das sind $\dfrac{2}{6}$ der Tafel.

2 Das Blumenfeld eines Gärtners ist in 7 gleichgroße Beete unterteilt. Der Gärtner gräbt 3 dieser Blumenbeete um. Welchen Bruchteil des Gartens gräbt er um?

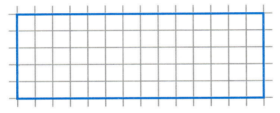

Unterteile das Feld in 7 gleichgroße Teile und schraffiere den Bruchteil, den der Gärtner umgräbt.

Antwort: Das sind $\dfrac{}{}$ des Feldes.

3 Ein Trimm-Dich-Pfad ist in 10 gleichlange Teilstrecken aufgeteilt. Martin ist bereits sieben dieser Teilstrecken gelaufen.

a) Welchen Bruchteil der Gesamtstrecke ist Martin bereits gelaufen?

Antwort: Er ist bereits $\dfrac{}{}$ der Gesamtstrecke gelaufen.

b) Wie viele Meter ist Martin bereits gelaufen, wenn die Strecke insgesamt 2 km lang ist?

0 km   **2 km**

Zeichne die Strecke farbig ein, die Martin bereits gelaufen ist.

Antwort: Er ist m gelaufen.

c) Welchen Bruchteil der Gesamtstrecke muß Martin noch laufen?

Antwort: Er muß noch $\dfrac{}{}$ der Gesamtstrecke laufen.

d) Wie viele Meter muß Martin noch laufen?

Antwort: Er muß noch m laufen.

2.2 Die 2. Bruchsituation: Mehrere Ganze werden verteilt

Beispiel

Bei einem Kindergeburtstag sind 8 Kinder eingeladen. 5 Pfannkuchen werden nacheinander an 8 Kinder verteilt: Welchen Bruchteil eines Pfannkuchens bekommt dann jedes Kind?

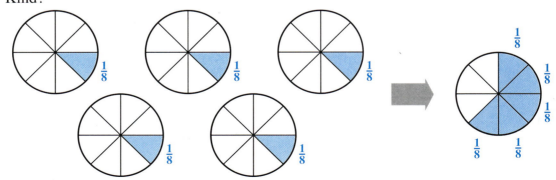

Die 5 Pfannkuchen werden jeweils in 8 gleichgroße Teile aufgeteilt.

Von diesen Teilen bekommt jedes Kind insgesamt 5 Teile, das entspricht $\dfrac{5}{8}$ eines Pfannkuchens.

Kurz:

$$5 : 8 = \dfrac{5}{8}$$

Du hast immer **mehrere Ganze** (hier 5 Pfannkuchen), die an **mehrere Personen** (hier 8 Kinder) verteilt werden. Das entspricht der Divisionsaufgabe 5 : 8 .

Merke

| Der Bruch ist | $\dfrac{\text{mehrere Ganze}}{\text{Anzahl der Personen}}$ | (hier: $\dfrac{5}{8}$) |

In diesem Beispiel sind das $\dfrac{5}{8}$ des Kuchens. Umgekehrt kannst du also für $\dfrac{5}{8}$ auch 5 : 8 schreiben.

Dieses Beispiel macht deutlich, daß das **Divisionszeichen anstelle des Bruchstrichs** stehen kann. In den folgenden Aufgaben haben wir ähnliche Bruchsituationen wie im Beispiel.

Aufgaben

1 Macht euch 5 : 8 = $\dfrac{5}{8}$ noch etwas anders klar: Schneidet 5 etwas größere Pappscheiben aus (anstelle der 5 Pfannkuchen im Beispiel).

Dann legt ihr diese Scheiben übereinander und schneidet gleichzeitig aus jeder Scheibe $\dfrac{1}{8}$ heraus.

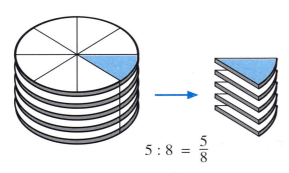

$$5 : 8 = \dfrac{5}{8}$$

2 Zwei Ballen Heu werden täglich an 5 Schafe verteilt.

a) Welchen Bruchteil eines Ballens frißt jedes Schaf pro Tag?

Kurzform der Lösung:

$$2 : 5 = \dfrac{2}{5}$$

b) Wieviel kg Heu frißt jedes Schaf täglich, wenn ein Ballen Heu 10 kg wiegt?

$\dfrac{2}{5}$ von 10 kg = 4 kg

3 Vier Pizzas werden nacheinander an 6 Kinder verteilt.

a) Welcher Divisionsaufgabe entspricht das?

4 : 6 ✓

b) Welchen Bruchteil der Pizza bekommt jedes Kind, wenn gerecht geteilt wird?

Schraffiert den Bruchteil, den ein Kind von jeder Pizza erhält.

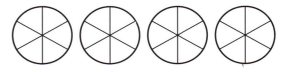

Schraffiert, welchem Bruchteil **einer** Pizza das entspricht.

c) Ergänzt zur Kurzform der Lösung:

$$\boxed{} : \boxed{} = \dfrac{\boxed{}}{\boxed{}}$$

4 Drei Würste werden an 7 Jungen verteilt. Welchen Bruchteil einer Wurst müßte jeder bekommen, wenn gerecht geteilt wird?

Beachte

Von der Grundschule her kennst du Divisionsaufgaben wie

24 : 8;   35 : 7   oder   56 : 8.

Dabei war die Zahl, die geteilt wurde, immer größer als die Zahl, durch die geteilt wurde. Bei den Divisionsaufgaben auf Seite 16 und Seite 17 dagegen ist es umgekehrt.

Du kannst jetzt auch die Aufgabe in der Zeichnung auf Seite 15 lösen.

2.3 Die 3. Bruchsituation: Der Teil einer Gesamtheit wird als Bruchteil ausgedrückt

Beispiel

In einer Tischtennismannschaft sind 2 von 6 Spielern krank. Welcher Bruchteil der Mannschaft ist krank?

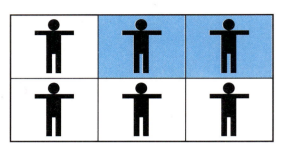

1 Spieler ist 1 Sechstel der Mannschaft,

2 Spieler sind 2 Sechstel der Mannschaft.

Kurz: 2 von 6 = 2 Sechstel

Bei solch einer Bruchsituation hast du immer **eine Gesamtheit** (hier 6 Spieler) und einen **Teil von der Gesamtheit** (hier 2 Spieler).

Merke

$$\text{Der Bruch ist } \frac{\text{Teil der Gesamtheit}}{\text{Gesamtheit}} \quad (\text{hier } \frac{2}{6})$$

Bruchsituationen wie im Beispiel kommen sehr häufig vor. In den folgenden Aufgaben findest du weitere Beispiele für solche Bruchsituationen.

Aufgaben

1 70 von 100 Tannen sind krank. Welcher Bruchteil der Tannen ist krank?

$$70 \text{ von } 100 = \frac{70}{100} \checkmark$$

Tip

Im Aufgabentext muß der „Teil" nicht immer vor der „Gesamtheit" stehen.

2 15 von 20 Kindern einer Klasse sind Mädchen.

a) Welcher Bruchteil der Kinder sind Mädchen? $\frac{15}{20}$ $\checkmark$

b) Welcher Bruchteil der Kinder sind Jungen? $\frac{5}{20}$ $\checkmark$

3 Von 9 Bananen sind 5 faul. Welcher Bruchteil aller Bananen ist also faul? Mache eine Skizze dazu. $\frac{5}{9}$ $\checkmark$

4 Von 120 kg Äpfeln nimmt der Bauer 30 kg für Apfelwein und 50 kg für Apfelsaft. Den Rest der Äpfel lagert er im Keller:

a) Welchen Bruchteil der Apfelernte verwendet er für Apfelwein? $\frac{30}{120}$ $\checkmark$

b) Welchen Bruchteil der Apfelernte verwendet er für Apfelsaft? $\frac{50}{120}$ $\checkmark$

c) Welcher Bruchteil lagert im Keller? $\frac{40}{120}$

d)* Wieviel kg lagern im Keller? kg $\checkmark$

5 Sandra feiert ihren 11. Geburtstag. Von den 32 Schülerinnen und Schülern ihrer Klasse hat sie 10 eingeladen.

Davon sind 8 zu ihrer Geburtstagsfeier gekommen.

a) Welchen Bruchteil der Klasse hat Sandra eingeladen?

b) Welcher Bruchteil der eingeladenen Schülerinnen und Schüler ist nicht zur Geburtstagsfeier gekommen?

6 * In Gemeinde Schilda wurde ein neuer Bürgermeister gewählt. 360 Bürger waren wahlberechtigt, davon gingen 200 zur Wahl. Frau Unruh bekam die meisten Stimmen, und zwar 85, Herr Knittel bekam 70 Stimmen. Der Rest der Stimmen war ungültig.

a) Welcher Bruchteil der wahlberechtigten Bürger ging zur Wahl?

b) Welchen Bruchteil der abgegebenen Stimmen erhielt Frau Unruh?

2.4 Zusammenfassung: Die verschiedenen Bruchsituationen

Den drei verschiedenen Bruchsituationen entsprechen drei verschiedene Möglichkeiten, wie man zu einem Bruch wie $\frac{3}{4}$ kommt.

1. Bruchsituation: Ein Ganzes wird aufgeteilt

Eine Pizza wird in 4 gleichgroße Teile zerteilt. Inge bekommt 3 dieser Teile. Welchen Bruchteil der Pizza bekommt Inge?

❶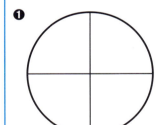

❷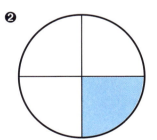

❸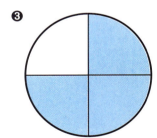

Eine Pizza mit vier gleichgroßen Teilen

Ein Teil entspricht $\frac{1}{4}$ der Pizza

Drei Teile entsprechen $3 \cdot \frac{1}{4} = \frac{3}{4}$ der Pizza

Inge bekommt also $\frac{3}{4}$ von der Pizza.

Hier kommst du zu $\frac{3}{4}$, indem du 3 mal 1 Viertel nimmst. Dies entspricht der Sprechweise „drei Viertel".

$$\frac{3}{4} = 3 \cdot \frac{1}{4}$$

2. Bruchsituation: Mehrere Ganze werden verteilt

Drei Riegel Schokolade werden gleichmäßig an 4 Kinder verteilt. Welchen Bruchteil eines Riegels erhält jedes Kind?

❶ ❷ ❸ ❹

❶	❷	❸	❹
3 Riegel Schokolade (3 Ganze)	Jeder Riegel wird in 4 gleichgroße Stücke geteilt. $3 : 4$	Jedes Kind erhält von jedem Riegel $\frac{1}{4}$, also insgesamt $3 \cdot \frac{1}{4}$ Riegel.	Jedes Kind hätte also $\frac{3}{4}$ von einem Riegel.

Hinweis
Jeden Bruch kannst du als Divisionsaufgabe schreiben und umgekehrt jede Divisionsaufgabe als Bruch.

Hier kommst du zu $\frac{3}{4}$, indem du 3 Ganze auf 4 Kinder verteilst.

$$\frac{3}{4} = 3 : 4 \quad \text{oder} \quad 3 : 4 = \frac{3}{4}$$

3. Bruchsituation: Der Teil einer Gesamtheit wird als Bruchteil ausgedrückt

3 von 4 Kindern haben den „Freischwimmer" geschafft. Welcher Bruchteil der Kinder hat den „Freischwimmer"?

❶ ❷ ❸

❶	❷	❸
4 Kinder sind die Gesamtheit.	1 von 4 Kindern $= \frac{1}{4}$ der Kinder	3 von 4 Kindern $= 3 \cdot \frac{1}{4}$ der Kinder

$\frac{3}{4}$ der Kinder haben den Freischwimmer.

Hinweis
Jeden Teil einer Gesamtheit kannst du also als Bruch schreiben.

Hier kommst du zu $\frac{3}{4}$, indem du „3 von 4 Kindern" als Bruchteil ausdrückst.

$$\frac{3}{4} = 3 \text{ von } 4 \quad \text{oder} \quad 3 \text{ von } 4 = \frac{3}{4}$$

2.5 Die verschiedenen Bruchsituationen

Hinweis

Vergleiche deine Lösungen mit denen im Lösungsteil. Bespreche die Fehler mit deiner Lehrerin oder deinem Lehrer.

1. a) Drei Tafeln Schokolade sollen an vier Kinder verteilt werden. Welchen Bruchteil erhält jedes Kind?

b) Verdeutliche das Ergebnis in einer kleinen Skizze.

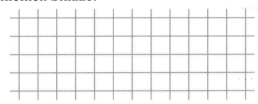

2. a) Von 22 Schülern wohnen 15 auf dem Land und 7 in der Stadt. Welcher Bruchteil der Schüler wohnt auf dem Land, welcher in der Stadt?

Land: ⎯⎯ Stadt: ⎯⎯

b) Verdeutliche das Ergebnis in einer kleinen Skizze.

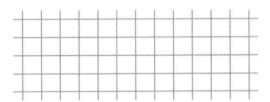

3. Eine Wohnung ist 120 m² groß. Davon entfallen auf das Kinderzimmer 12 m². Welcher Bruchteil der Wohnfläche ist das?

4. An einem Hochzeitsschmaus nahmen 150 Personen teil.
Für diese wurden 5 Spanferkel gegrillt. Wenn diese gerecht auf alle Personen aufgeteilt werden, welchen Bruchteil eines Spanferkels erhält dann jede Person?

5. Ein Bauer bewirtschaftet 75 ha Land. Davon sind 20 ha Wiesen, auf 30 ha wird Getreide und auf 15 ha werden Rüben angebaut. Welche Bruchteile der gesamten Anbaufläche sind das jeweils?

Wiesen: ⎯⎯   Getreide: ⎯⎯

Rüben: ⎯⎯   *Restliche Fläche: ⎯⎯

6. Für seinen Geburtstag hat sich Martin zwei große Pflaumenkuchen zum Kaffeetrinken gewünscht. Zum Kaffee kommen außer Martin noch 5 Personen. Welchen Bruchteil eines Kuchens erhält jeder, wenn die Kuchen gleichmäßig aufgeteilt werden?

7. Um sein Taschengeld aufzubessern, ist Thomas bereit, den Gartenzaun neu zu streichen. Zunächst unterteilt Thomas den Zaun in 12 gleichgroße Abschnitte.

a) Am 1. Tag schafft Thomas 2 Abschnitte. Welchen Bruchteil des Zauns hat er damit gestrichen?

b) Wie groß ist der restliche Bruchteil, den Thomas noch streichen muß?

8. Gib an, welche Bruchsituationen bei den verschiedenen Aufgaben des Tests vorkamen?

a) Bruchsituation 1 bei ⬚⬚⬚⬚ ,

b) Bruchsituation 2 bei ⬚⬚⬚⬚ ,

c) Bruchsituation 3 bei ⬚⬚⬚⬚ .

3 Erweitern und Kürzen

3.1 Erweitern

In diesem Abschnitt sollst du lernen, wie man für denselben Bruchteil eines Ganzen verschiedene Brüche schreiben kann. Du siehst dies an einem Kuchen, der in 2, 4, 8 oder 16 Stücke aufgeteilt wird:

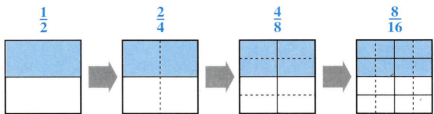

Sicher ist es dir gleichgültig, ob du $\frac{1}{2}$, $\frac{2}{4}$, $\frac{4}{8}$ oder $\frac{8}{16}$ des Kuchens bekommst, denn du bekommst jedes Mal die gleiche Menge Kuchen: Der „Wert" der Brüche bleibt gleich.

Merke

> **Erweitern** bedeutet soviel wie „Verfeinern" einer Einteilung: **Du bekommst mehr, aber entsprechend kleinere Teile**. Bei $\frac{2}{4}$ bekommst du z. B. doppelt so viele Stücke wie bei $\frac{1}{2}$, die Stücke sind aber nur halb so groß.

Aufgaben

1 Ergänzt. Bei $\frac{4}{8}$ nimmt man _____ Stücke wie bei $\frac{2}{4}$.

Die Stücke sind aber nur _____ so groß.

2 a) Welche Brüche haben denselben „Wert" wie $\frac{1}{3}$?

Die Skizze macht dazu Vorschläge:

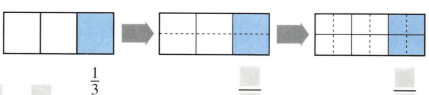

Ergänzt: $\frac{1}{3} = \frac{}{} = \frac{}{}$

b) Und welche Brüche haben denselben „Wert" wie $\frac{2}{3}$? $\frac{2}{3} = \frac{}{} = \frac{}{}$

3 **a)** Welche Brüche haben denselben „Wert" wie $\frac{3}{4}$?

b) Welcher Bruch hat denselben Wert wie $\frac{4}{5}$?

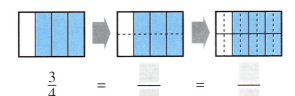

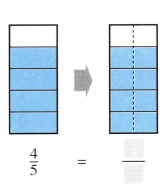

$$\frac{3}{4} = \underline{\quad} = \underline{\quad}$$

$$\frac{4}{5} = \underline{\quad}$$

4 **a)** Welche Brüche werden durch die schraffierten Anteile dargestellt? Ergänze.

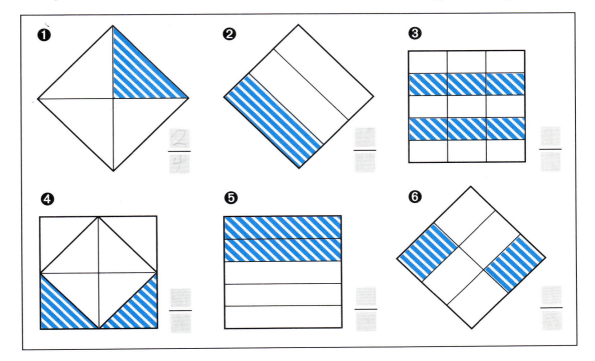

b) Welche der in Aufgabe 4 a) dargestellten Brüche haben denselben Wert wie

➡ der in ❶ dargestellte Bruch?

➡ der in ❷ dargestellte Bruch?

➡ der in ❸ dargestellte Bruch?

Regel für das Erweitern

Du erweiterst einen Bruch, indem du Zähler und Nenner mit der gleichen Zahl malnimmst.

Beispiel: Du erweiterst mit 2.

$$\frac{1}{2} = \frac{1 \cdot ❷}{2 \cdot ❷} = \frac{2}{4}$$

Du nimmst doppelt so viele Teile (Verdoppeln des Zählers).

Die Teile sind nur halb so groß (Verdoppeln des Nenners).

Merke

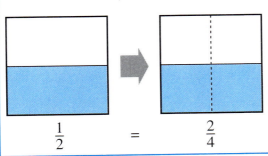

$$\frac{1}{2} = \frac{2}{4}$$

Erweitern bedeutet „Verfeinern" einer Einteilung:

Du nimmst mehr, aber entsprechend kleinere Teile.

Durch das das Erweitern ändert sich der Wert des Bruchs nicht.

5 Erweitere die folgenden Brüche mit ❸, indem du Zähler und Nenner verdreifachst.

a) $\dfrac{1}{3} = \dfrac{1 \cdot ❸}{3 \cdot ❸} = \dfrac{}{}$

c) $\dfrac{3}{4} = \dfrac{}{} = \dfrac{}{}$

b) $\dfrac{1}{4} = \dfrac{}{} = \dfrac{}{}$

d) $\dfrac{4}{5} = \dfrac{}{} = \dfrac{}{}$

6 Mache dir klar, was das Erweitern mit 3 bedeutet.

a) Was bedeutet die Multiplikation des Zählers mit 3 für die Teile des Bruchs?

b) Was bedeutet die Multiplikation des Nenners mit 3 für die Teile des Bruchs?

7 Klaus hat verschiedene Brüche wie $\dfrac{2}{3}$, $\dfrac{3}{5}$ und $\dfrac{3}{4}$ erweitert. Er hat dabei zwei Fehler gemacht.

Ergänzt die Tabelle und verbessert dabei auch die Fehler.

Tip
Wählt einen geeigneten Streifen für das Ganze. Nutzt dafür die Karofelder.

	Klaus hat so erweitert	Richtig erweitert?	Erweitert mit ●?	Macht zu den richtigen Erweiterungen eine Skizze.
Beispiel:	$\dfrac{2}{3} = \dfrac{4}{6}$	ja	❷	
a)	$\dfrac{3}{5} = \dfrac{6}{10}$			
b)	$\dfrac{3}{4} = \dfrac{9}{16}$			
c)	$\dfrac{2}{3} = \dfrac{8}{12}$			
d)	$\dfrac{3}{5} = \dfrac{3}{15}$			
e)	$\dfrac{3}{4} = \dfrac{6}{8}$			

8 Was passiert eigentlich mit einem Bruchteil, bei dem Zähler und Nenner mit der gleichen Zahl malgenommen werden?

9 Jeweils ein Bruch paßt nicht zu den anderen. Streicht ihn durch. Warum paßt er nicht zu den anderen?

a) $\dfrac{5}{10}$; $\dfrac{3}{6}$; $\dfrac{2}{4}$; $\dfrac{4}{10}$; $\dfrac{1}{2}$

b) $\dfrac{1}{3}$; $\dfrac{2}{6}$; $\dfrac{15}{45}$; $\dfrac{30}{60}$; $\dfrac{4}{12}$

c) $\dfrac{20}{50}$; $\dfrac{10}{25}$; $\dfrac{15}{20}$; $\dfrac{8}{20}$; $\dfrac{12}{30}$; $\dfrac{40}{100}$; $\dfrac{2}{5}$

d) $\dfrac{30}{40}$; $\dfrac{9}{12}$; $\dfrac{40}{60}$; $\dfrac{15}{20}$; $\dfrac{3}{4}$

e) $\dfrac{2}{5}$; $\dfrac{48}{40}$; $\dfrac{14}{35}$; $\dfrac{6}{15}$; $\dfrac{18}{45}$

f) $\dfrac{9}{24}$; $\dfrac{3}{8}$; $\dfrac{12}{32}$; $\dfrac{6}{16}$; $\dfrac{20}{72}$

10* Welcher Bruch liegt auf der Maßeinteilung eines Meßbechers genau in der Mitte zwischen $\frac{1}{4}$ und $\frac{1}{2}$?

Keine Ahnung!

Ist doch klar! Das ist $\frac{1}{3}$!

$\frac{1}{3}$ ist aber bestimmt falsch! Das sehe ich beim Erweitern !

11 Um verschiedene Anteile miteinander vergleichen zu können, rechnet man sie häufig in Hundertstel um. Man nennt diese Hundertstel „Prozente".

a) $\dfrac{1}{2}$ = $\dfrac{1 \cdot \boxed{50}}{2 \cdot \boxed{50}}$ = $\dfrac{50}{100}$ = $\boxed{50}$ %

f) $\dfrac{3}{4}$ = $\dfrac{}{}$ = $\dfrac{}{100}$ = $\boxed{}$ %

b) $\dfrac{1}{4}$ = $\dfrac{}{}$ = $\dfrac{}{100}$ = $\boxed{}$ %

g) $\dfrac{4}{5}$ = $\dfrac{}{}$ = $\dfrac{}{100}$ = $\boxed{}$ %

c) $\dfrac{1}{5}$ = $\dfrac{}{}$ = $\dfrac{}{100}$ = $\boxed{}$ %

h) $\dfrac{7}{10}$ = $\dfrac{}{}$ = $\dfrac{}{100}$ = $\boxed{}$ %

d) $\dfrac{1}{10}$ = $\dfrac{}{}$ = $\dfrac{}{100}$ = $\boxed{}$ %

i) $\dfrac{12}{20}$ = $\dfrac{}{}$ = $\dfrac{}{100}$ = $\boxed{}$ %

e) $\dfrac{1}{20}$ = $\dfrac{}{}$ = $\dfrac{}{100}$ = $\boxed{}$ %

j) $\dfrac{4}{25}$ = $\dfrac{}{}$ = $\dfrac{}{100}$ = $\boxed{}$ %

Merke **Prozent (geschrieben %) bedeutet nichts anderes als Hundertstel.**

12 Bestimmt den jeweiligen Bruchteil und erweitert auf Hundertstel (Prozente).

Aussage	Bruchteil, der erweitert wird	Prozent-angabe
Beispiel Die Hälfte aller Wähler sind Frauen.	$\dfrac{1}{2} = \dfrac{1 \cdot 50}{2 \cdot 50} = \dfrac{50}{100}$	50 %
a) Zwei von fünf Haushalten besitzen einen Videorecorder.	$\dfrac{2}{5} = \dfrac{\quad}{\quad} = \dfrac{\quad}{\quad}$	%
b) In diesem Wahlbezirk hat jeder Vierte die Grünen gewählt.	$\dfrac{1}{4} = \dfrac{\quad}{\quad} = \dfrac{\quad}{\quad}$	%
c) Drei von vier Wahlberechtigten sind dieses Mal zur Wahl gegangen.	$\dfrac{3}{4} = \dfrac{\quad}{\quad} = \dfrac{\quad}{\quad}$	%
d) Drei von zehn Jugendlichen sind hier arbeitslos.	$\dfrac{\quad}{\quad} = \dfrac{\quad}{\quad} = \dfrac{\quad}{\quad}$	%
e) In diesem Land haben vier von fünf Mädchen eine Lehrstelle bekommen.	$\dfrac{\quad}{\quad} = \dfrac{\quad}{\quad} = \dfrac{\quad}{\quad}$	%

3.2 Kürzen bei einfachen Brüchen

Beim Kürzen geht man umgekehrt vor wie beim Erweitern: Man will einen **Bruch** (z.B. $\dfrac{4}{8}$) **einfacher schreiben, ohne daß sich sein Wert verändert**. Man schreibt statt $\dfrac{4}{8}$ den Bruch $\dfrac{1}{2}$. Dabei hat man Zähler und Nenner durch die Zahl 4 geteilt.

Regel für das Kürzen

Du kürzt einen Bruch, indem du Zähler und Nenner durch die gleiche Zahl teilst.

Beispiel: Kürzen durch 4

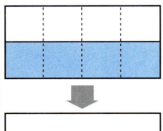

$\dfrac{4}{8} = \dfrac{4 : 4}{8 : 4} = \dfrac{1}{2}$ ← Du nimmst ein Viertel der Teile.

← Die Teile sind viermal so groß.

Kürzen durch 4 bedeutet hier: Statt vier Teilen hast du noch einen Teil (Zähler : 4), dieser Teil ist aber viermal größer (Nenner : 4).

Merke

Kürzen bedeutet „Vergröbern" einer Einteilung: Du bekommst weniger, aber entsprechend größere Teile. Der Wert des Bruches ändert sich dabei nicht.

---

1 **a)** Durch welche Zahl wurde gekürzt? Ergänze.

$$\frac{6}{9} = \frac{6 : \bullet}{9 : \bullet} = \frac{\ }{\ }$$

Kürzungszahl:

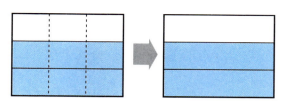

Beachte

$\frac{6}{9}$ gekürzt mit 3 ergibt $\frac{2}{3}$. Nach dem Kürzen hast du statt vorher 6 Teile nun 2 Teile
(Zähler 2). Da das Ganze aber statt in 9 Teile nur noch in drei Teile (Nenner 3) aufgeteilt
wird, ist jeder Teil dreimal so groß. Der Wert des Bruches bleibt also gleich.

b) Erläutere am Beispiel $\frac{6}{8} = \frac{3}{4}$, was beim Kürzen durch 2 passiert.

Januar
Februar
März
April
Mai
Juni
Juli
August
September
Oktober
November
Dezember

2 Monate werden häufig als Bruchteile eines Jahres ausgedrückt. Auch dabei kann
gekürzt werden.

1 Jahr hat bekanntlich 12 Monate.

a) 1 Monat $\qquad = \frac{1}{12}$ Jahr

d) 6 Monate $= \frac{\ }{12}$ Jahr $= \frac{\ }{\ }$ Jahr

b) 3 Monate $= \frac{\ }{12}$ Jahr $= \frac{\ }{\ }$ Jahr

e) 8 Monate $= \frac{\ }{12}$ Jahr $= \frac{\ }{\ }$ Jahr

c) 4 Monate $= \frac{\ }{12}$ Jahr $= \frac{\ }{\ }$ Jahr

f) 9 Monate $= \frac{\ }{12}$ Jahr $= \frac{\ }{\ }$ Jahr

3 Eine Tafel Schokolade besteht aus 6 Riegeln zu jeweils 6 Stücken, also insgesamt aus
36 Stücken.

a) 1 Stück $\quad = \frac{\ }{\ }$ der Tafel

b) Carola bekommt 12 Stücke.

12 Stücke $= \frac{\ }{\ }$ der Tafel

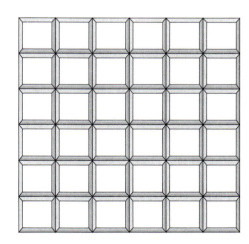

Den Bruchteil $\frac{12}{36}$ der Tafel Schokolade
kann man auf unterschiedliche Weise
kürzen:

Hinweis

Wer schon etwas
vom
„**g**rößten
gemeinsamen **T**eiler"
gehört hat:

Sandra sucht nach
dem **ggT** von Zähler
und Nenner.

Carola macht das Schritt für Schritt:

$$\frac{12}{36} = \frac{6}{18} = \frac{3}{9} = \frac{1}{3}$$

Sie kürzt mehrmals durch kleine Zahlen,
bei denen man leicht erkennt, daß man
Zähler und Nenner durch sie teilen kann.

Sandra liebt ein schnelleres Verfahren:

$$\frac{12}{36} = \frac{1}{3}$$

Sie sucht gleich nach der **größten** Zahl,
durch die sie Zähler und Nenner teilen
kann.

c) Gib an, durch welche Zahlen Carola und Sandra gekürzt haben. Ergänze.

Carola: $\dfrac{12}{36} = \dfrac{12 :\ \boxed{}}{36 :\ \boxed{}} = \dfrac{6}{18} = \dfrac{6 :\ \boxed{}}{18 :\ \boxed{}} = \dfrac{2}{6} = \dfrac{2 :\ \boxed{}}{6 :\ \boxed{}} = \dfrac{1}{3}$

Sandra: $\dfrac{12}{36} = \dfrac{12 :\ \boxed{}}{36 :\ \boxed{}} = \dfrac{1}{3}$

Beachte

Beide Verfahren des Kürzens führen zum gleichen Ergebnis. Das Verfahren von Sandra führt schneller zum Ziel. Es macht aber gar nichts, wenn du in mehreren Schritten zum Ziel kommst, denn die einzelnen Schritte sind auch einfacher.

Tip
Überprüfe deine Ergebnisse an der Tafel auf Seite 27.

d) Welchem Bruchteil der Tafel Schokolade entsprechen folgende Stückzahlen? Kürze soweit wie möglich:

6 Stücke $= \dfrac{\boxed{}}{\boxed{}} = \dfrac{\boxed{}}{\boxed{}}$ 24 Stücke $= \dfrac{\boxed{}}{\boxed{}} = \dfrac{\boxed{}}{\boxed{}}$

18 Stücke $= \dfrac{\boxed{}}{\boxed{}} = \dfrac{\boxed{}}{\boxed{}}$ 28 Stücke $= \dfrac{\boxed{}}{\boxed{}} = \dfrac{\boxed{}}{\boxed{}}$

4 Martin soll beim Metzger $\dfrac{1}{4}$ kg Aufschnitt kaufen. Der Metzger gibt ihm 300 g. Martin fragt sich, ob das richtig ist. Ist 300 g denn soviel wie $\dfrac{1}{4}$ kg?

Was meint ihr dazu? Denkt daran: 1 kg = 1000 g;   1 g $= \dfrac{1}{1000}$ kg

5 Zeigt durch Kürzen, um welche Bruchteile eines Kilogramms es sich jeweils handelt:

a) 250 g $= \dfrac{250}{1000}$ kg $= \dfrac{\boxed{}}{\boxed{}}$ kg   **d)** 500 g $= \dfrac{\boxed{}}{\boxed{}}$ kg $= \dfrac{\boxed{}}{\boxed{}}$ kg

b) 200 g $= \dfrac{\boxed{}}{\boxed{}}$ kg $= \dfrac{\boxed{}}{\boxed{}}$ kg   **e)** 750 g $= \dfrac{\boxed{}}{\boxed{}}$ kg $= \dfrac{\boxed{}}{\boxed{}}$ kg

c) 400 g $= \dfrac{\boxed{}}{\boxed{}}$ kg $= \dfrac{\boxed{}}{\boxed{}}$ kg   **f)** 300 g $= \dfrac{\boxed{}}{\boxed{}}$ kg $= \dfrac{\boxed{}}{\boxed{}}$ kg

6 Kirsten hat 10 Aufgaben zum Kürzen gerechnet. Dabei hat sie zwei Fehler gemacht. Sucht diese Fehler und verbessert sie.

a) $\dfrac{16}{32} = \dfrac{1}{2}$ **c)** $\dfrac{28}{32} = \dfrac{6}{8}$ **e)** $\dfrac{25}{50} = \dfrac{1}{2}$ **g)** $\dfrac{40}{50} = \dfrac{4}{5}$ **i)** $\dfrac{70}{50} = \dfrac{7}{5}$

b) $\dfrac{4}{32} = \dfrac{1}{8}$ **d)** $\dfrac{48}{32} = \dfrac{3}{2}$ **f)** $\dfrac{20}{100} = \dfrac{1}{4}$ **h)** $\dfrac{75}{100} = \dfrac{3}{4}$ **k)** $\dfrac{250}{100} = \dfrac{5}{2}$

7 Sucht jeweils die Zahl, durch die Zähler und Nenner geteilt wurden. Tragt diese Kürzungszahl in das Kästchen ein.

a) $\dfrac{25}{75} = \dfrac{1}{3}$ $\boxed{}$ **c)** $\dfrac{24}{36} = \dfrac{2}{3}$ $\boxed{}$ **e)** $\dfrac{32}{56} = \dfrac{4}{7}$ $\boxed{}$

b) $\dfrac{16}{24} = \dfrac{2}{3}$ $\boxed{}$ **d)** $\dfrac{35}{49} = \dfrac{5}{7}$ $\boxed{}$ **f)** $\dfrac{21}{35} = \dfrac{3}{5}$ $\boxed{}$

8 Suche die Kürzungszahl und ergänze entsprechend.

a) $\dfrac{75}{100} = \dfrac{\bullet}{4}$ ▨

c) $\dfrac{10}{25} = \dfrac{\bullet}{5}$ ▨

e) $\dfrac{36}{81} = \dfrac{\bullet}{9}$ ▨

b) $\dfrac{80}{100} = \dfrac{4}{\bullet}$ ▨

d) $\dfrac{60}{100} = \dfrac{3}{\bullet}$ ▨

f) $\dfrac{20}{100} = \dfrac{\bullet}{5}$ ▨

9 Wie könnte Sandra das Martin erklären?

Warum bleibt der Wert des Bruches gleich, wenn Zähler und Nenner durch die gleiche Zahl geteilt werden?

3.3 Kürzen mit Überschlag

Im Alltag kommen häufig Brüche mit großem Zähler und Nenner vor. Bei solchen Brüchen genügt es oft, sich eine Vorstellung von der ungefähren Größe des Bruches zu machen.

Beispiel: In einer Gemeinde haben von den 2658 Wählern 878 SPD gewählt. Wie groß ist ungefähr der Anteil der SPD-Wähler?

Lösungsweg: Du löst die Aufgabe am besten in drei Schritten.

1. Den Anteil als Bruch schreiben (vgl. die 3. Bruchsituation, Seite 18).

$$\text{Anteil der SPD-Wähler} = \dfrac{878}{2658}$$

2. Den Bruch runden $\qquad \dfrac{878}{2658} \approx \dfrac{1000}{3000}$ $\Big\{$ Zähler **und** Nenner werden hier **aufgerundet**.

3. Den gerundeten Bruch kürzen $\qquad \dfrac{1000}{3000} = \dfrac{1000 : 1000}{3000 : 1000} = \dfrac{1}{3}$

Antwort: Etwa $\dfrac{1}{3}$ der Wähler hat SPD gewählt.

Beachte

Es wird immer so gerundet, daß
  a) danach leicht gekürzt werden kann und
  b) der Fehler beim Runden möglichst klein bleibt.

Der Fehler bleibt beim Runden eher klein, wenn **Zähler und Nenner beide** vergrößert oder **beide** verkleinert werden (wie beim Erweitern und Kürzen). Siehe dazu das obige Beispiel:

Der Bruch $\dfrac{878}{2658}$ wird durch eine Vergrößerung des Zählers vergrößert. Diese Vergrößerung des Bruches wird teilweise durch die Vergrößerung des Nenners wieder ausgeglichen (eine Vergrößerung des Nenners bedeutet ja eine Verkleinerung des Bruches, vgl. Seite 6).

1 In einer Gemeinde haben von 737 Wählern 381 CDU gewählt. Wie groß ist ungefähr der Anteil der CDU-Wähler?

$$\frac{381}{737} \approx \frac{}{} = \frac{}{} = \frac{}{}$$ **Antwort:** Etwa $\dfrac{}{}$ hat CDU gewählt.

2 Um das Ausmaß des Waldsterbens festzustellen, wurden in einer 5 ha großen Waldfläche die kranken Bäume gezählt. Man stellte dabei fest:

Von 285 Buchen waren 116 krank, von den 132 Eichen waren 79 krank. Wie groß ist der Anteil der kranken Bäume? (Rundet die Brüche zuerst und kürzt sie dann.)

$$\textbf{Buchen:} \quad \frac{}{} \approx \frac{}{} = \frac{}{} = \frac{}{}$$

$$\textbf{Eichen:} \quad \frac{}{} \approx \frac{}{} = \frac{}{} = \frac{}{}$$

Antwort: Etwa $\dfrac{}{}$ der Buchen und $\dfrac{}{}$ der Eichen sind krank.

3 Nach Abschluß einer Lehre werden die Jugendlichen nicht immer von ihren Betrieben übernommen, d. h. sie werden nicht fest angestellt. Im letzten Jahr sah das in einem Bundesland so aus:
Von 1013 Verkäufern wurden 542 übernommen, von 486 Tischlern wurden 328 übernommen und von den 986 Kfz-Mechanikern 265. Wie groß sind ungefähr die Bruchteile der übernommenen Jugendlichen in den verschiedenen Berufen?

Verkäufer: $\dfrac{}{}$ **Tischler:** $\dfrac{}{}$ **Kfz-Mechaniker:** $\dfrac{}{}$

3.4 Zusammenfassung zum Erweitern und Kürzen

1. Der Zusammenhang zwischen Erweitern und Kürzen

In der folgenden Skizze wird dargestellt, wie Erweitern und Kürzen zusammenhängen:

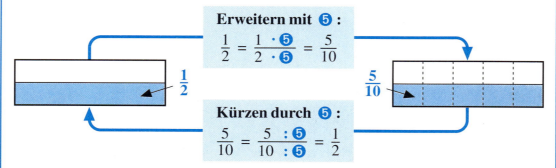

Du siehst daran: **Kürzen ist die Umkehrung von Erweitern.** Beim Erweitern werden Zähler und Nenner mit der gleichen Zahl vervielfacht. Beim Kürzen werden Zähler und Nenner durch die gleiche Zahl geteilt.

Der Wert des Bruches bleibt beim Erweitern und Kürzen gleich. Beim Erweitern erhältst du mehr, aber entsprechend kleinere Teile („**Verfeinern**"), beim Kürzen weniger, aber entsprechend größere Teile („**Vergröbern**").

2. Wozu erweitert oder kürzt man Brüche?

Erweitern: Das Erweitern braucht man vor allem, um Brüche mit gleichem Nenner zu bilden. Dies ist wichtig,

➡ um Brüche ihrer Größe nach vergleichbar zu machen, und

➡ um Brüche addieren und subtrahieren zu können.

Dazu zwei Beispiele:

Vergleich:

$\frac{4}{15}$ ist kleiner als $\frac{1}{3}$ ($= \frac{5}{15}$)

(vgl. dazu Seite 35)

Addition:

$$\frac{4}{15} + \frac{1}{3} = \frac{4}{15} + \frac{5}{15} = \frac{9}{15}$$

(vgl. dazu das Heft Bruchrechnung 2)

Kürzen: Das Kürzen braucht man, um Brüche zu vereinfachen. Einen einfachen Bruch wie $\frac{1}{3}$ kannst du dir besser vorstellen als den Bruch $\frac{5}{15}$.

Häufig genügt ein **Kürzen mit Überschlag**. Um dabei einen möglichst kleinen Fehler zu machen, sollte man Zähler **und** Nenner entweder beide vergrößern oder beide verkleinern; dadurch heben sich die Fehler eher gegenseitig auf (vgl. Seite 29).

Beispiel: $\frac{113}{320} \approx \frac{100}{300} = \frac{1}{3}$

Test

3.5 Test: Erweitern und Kürzen

1. Ergänze!

a) Wenn ein Bruch **mit 2 erweitert wird**, dann nehme ich

_____ Teile,

die Teile sind aber

_____ so groß.

b) Ergänze die Zeichnungen und die Aufgabe.

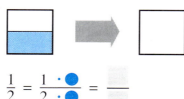

$$\frac{1}{2} = \frac{1 \cdot \bullet}{2 \cdot \bullet} = \frac{}{}$$

c) Wenn ein Bruch **durch 3 gekürzt wird,** dann nehme ich

_____ Teile,

die Teile sind aber

_____ so groß.

d) Ergänze die Zeichnungen und die Aufgabe.

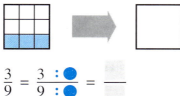

$$\frac{3}{9} = \frac{3 : \bullet}{9 : \bullet} = \frac{}{}$$

2. Wie verändert sich der Wert eines Bruches, wenn du nur den Zähler verdoppelst? Beschrifte die Zeichnungen und vervollständige den Text.

Beispiel 1:

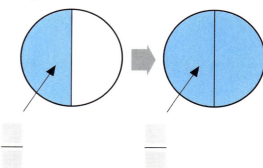

Beispiel 2:

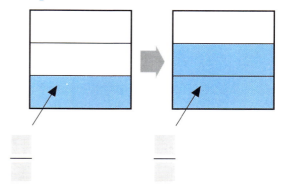

Antwort: Der Wert des Bruches wird

_____

3. Wie verändert sich der Wert eines Bruches, wenn du nur den Nenner verdoppelst? Beschrifte die Zeichnungen und vervollständige den Text.

Beispiel 1 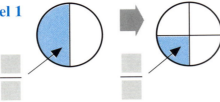   **Beispiel 2**

Antwort: Der Wert des Bruches wird

---

4. Wie wurde hier erweitert oder gekürzt?

a)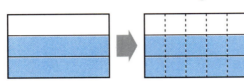

Antwort: Es wurde

b)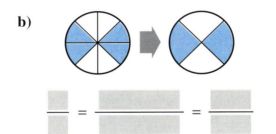

Antwort: Es wurde

5. Ergänze.

a) $\frac{2}{3} = \frac{\square}{12}$ **c)** $\frac{25}{100} = \frac{\square}{4}$

b) $\frac{3}{5} = \frac{15}{\square}$ **d)** $\frac{15}{20} = \frac{3}{\square}$

6. Erweitere folgende Brüche :

a) $\frac{1}{2}$ mit 2   **b)** $\frac{1}{4}$ mit 3   **c)** $\frac{3}{4}$ mit 4

7. Kürze folgende Brüche soweit wie möglich: $\frac{18}{24}$; $\frac{75}{100}$; $\frac{125}{1000}$; $\frac{750}{1000}$

8. Erweitere folgende Brüche, so daß alle den Nenner 100 erhalten: $\frac{1}{2}$; $\frac{1}{4}$; $\frac{3}{4}$; $\frac{1}{5}$; $\frac{3}{5}$

9. Runde zuerst den Bruch, dann kürze soweit wie möglich:

a) $\frac{449}{1183} \approx \underline{\qquad} = \underline{\qquad}$

b) $\frac{88}{432} \approx \underline{\qquad} = \underline{\qquad}$

c) $\frac{1219}{19763} \approx \underline{\qquad} = \underline{\qquad}$

10.* Bestimme den jeweiligen Bruchteil und erweitere auf Hundertstel (Prozente):

	Bruchteil	Hundertstel	Prozente
a) Drei von vier Schülern sind krank.	$\frac{3}{4}$ =	$\frac{\square}{100}$ =	_____ %
b) Vier von zehn Jugendlichen besuchen eine weiterführende Schule.	$\frac{\square}{\square}$ =	$\frac{\square}{\square}$ =	_____ %
c) Jeder Zehnte bekommt keine Lehrstelle.	$\frac{\square}{\square}$ =	$\frac{\square}{\square}$ =	_____ %
d) Von jeweils 50 Wählern haben 2 die FDP gewählt.	$\frac{\square}{\square}$ =	$\frac{\square}{\square}$ =	_____ %

4.1 Einfache Vergleiche

Wenn man zwei Brüche der Größe nach vergleichen will, ist dies in vielen Fällen nicht besonders schwer. Es gibt folgende Möglichkeiten:

1. Fall: Gleiche Nenner, ungleiche Zähler

z.B. bei $\frac{3}{4}$ und $\frac{2}{4}$

$\frac{3}{4}$ ist größer als $\frac{2}{4}$;   **in Zeichen:** $\frac{3}{4} > \frac{2}{4}$

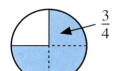 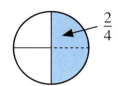

Beachte

> Je mehr gleichgroße Stücke einer Sorte (z. B. bei Viertel) genommen werden, desto größer ist der Bruchteil. Je größer der Zähler, desto größer der Bruch.

2. Fall: Gleiche Zähler, ungleiche Nenner

z.B. bei $\frac{2}{3}$ und $\frac{2}{4}$

$\frac{2}{3}$ ist größer als $\frac{2}{4}$;   **in Zeichen:** $\frac{2}{3} > \frac{2}{4}$

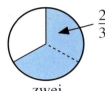

zwei größere Stücke · zwei kleinere Stücke

Beachte

> Wenn von Brüchen unterschiedlicher Sorte eine gleiche Anzahl Stücke genommen wird, ist der Bruchteil mit den größeren Stücken größer. Bei dem Bruch mit dem kleineren Nenner sind die Stücke größer.

Die ersten beiden Fälle sind am wichtigsten. Manchmal kannst du aber auch im Sinne der folgenden Fälle 3 und 4 vergleichen.

3. Fall: Ergänzung zum Ganzen

z.B. bei $\frac{4}{5}$ und $\frac{3}{4}$

$\frac{4}{5}$ ist größer als $\frac{3}{4}$;   **in Zeichen:** $\frac{4}{5} > \frac{3}{4}$

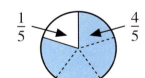 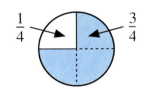

Erläuterung   Bei $\frac{4}{5}$ fehlt ein kleinerer Teil vom Ganzen als bei $\frac{3}{4}$, da $\frac{1}{5}$ kleiner ist als $\frac{1}{4}$ (siehe Fall 2).

4. Fall: Vergleich mit der Hälfte

z.B. bei $\frac{5}{8}$ und $\frac{2}{5}$

$\frac{5}{8}$ ist größer als $\frac{2}{5}$;   **in Zeichen:** $\frac{5}{8} > \frac{2}{5}$

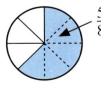 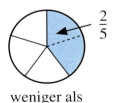

mehr als die Hälfte · weniger als die Hälfte

Erläuterung $\frac{5}{8}$ ist größer als $\frac{4}{8} = \frac{1}{2}$ (siehe Fall 1) und

$\frac{2}{5}$ ist kleiner als $\frac{2}{4} = \frac{1}{2}$ (siehe Fall 2).

1
a) Warum ist $\frac{3}{6}$ größer als $\frac{2}{6}$?   **c)** Warum ist $\frac{3}{4}$ größer als $\frac{2}{3}$?

b) Warum ist $\frac{3}{4}$ größer als $\frac{3}{6}$?

2 Welcher Bruchteil einer Tafel Schokolade ist größer? Umkreist den größeren Bruch und begründet eure Antwort.

Vergleich	Begründung
Beispiel: $\left(\frac{5}{6}\right)$ oder $\frac{4}{6}$?	Fall *1* , *(gleiche Nenner, ungleiche Zähler):* *mehr Stücke derselben Sorte*
a) $\frac{2}{4}$ oder $\frac{2}{3}$?	Fall ,
b) $\frac{3}{4}$ oder $\frac{3}{6}$?	Fall ,
c) $\frac{2}{3}$ oder $\frac{3}{4}$?	Fall ,
d) $\frac{2}{4}$ oder $\frac{4}{6}$?	Fall ,
e) $\frac{5}{6}$ oder $\frac{3}{4}$?	Fall ,

3 Die Tafel Schokolade in der Abbildung unten besteht aus 24 Schokoladenstücken. Überprüft nun die Antworten aus Aufgabe 1, indem ihr für die Bruchteile die entsprechende Zahl der Schokoladenstücke (Vierundzwanzigstel) bestimmt.

Vorüberlegung

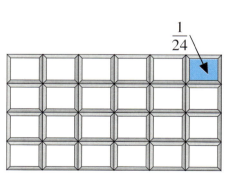

$\frac{1}{24}$

$\frac{1}{2}$ der Tafel = 24 Stücke : 2 = ⬜ Stücke

$\frac{1}{3}$ der Tafel = 24 Stücke : ⬜ = ⬜ Stücke

$\frac{1}{4}$ der Tafel = 24 Stücke : ⬜ = ⬜ Stücke

$\frac{1}{6}$ der Tafel = 24 Stücke : ⬜ = ⬜ Stücke

Tip
Welche Familie hat mehr als die Hälfte angespart?

4 Familie Meier und Familie Schulze sparen für einen Urlaub an der Ostsee. Familie Meier hat dafür $\frac{2}{5}$ der Kosten gespart, Familie Schulze $\frac{5}{8}$ der Kosten. Welche Familie hat schon mehr gespart?

5 Die Partei „Die Grünen" hat 1980 etwa $\frac{1}{25}$ der Wählerstimmen erhalten. 1983 waren es $\frac{1}{20}$, und 1987 haben die „Grünen" $\frac{1}{12}$ der Stimmen erhalten.

Wann war ihr Wähleranteil am größten, und wann am niedrigsten?

6 Nach der Beerdigung wird das Testament des alten Millionärs würdevoll eröffnet. Die Erben hören gespannt zu, wie der Notar folgenden Wortlaut vorliest:

„Meine liebe Frau erhält $\frac{1}{4}$ meines Vermögens, von meinen drei Kindern erhält jedes $\frac{1}{8}$, den Rest schenke ich dem Roten Kreuz."

a) Bestimmt zuerst den Bruchteil, den das Rote Kreuz erhält. (Macht eine Skizze dazu).   **b)** Wer erhält den größten Erbteil?

4.2 Brüche vergleichen durch Erweitern auf einen gemeinsamen Nenner

Es gibt nun noch Bruchvergleiche, die sich nicht so einfach wie im letzten Abschnitt durchführen lassen. Die Brüche, die du vergleichst, haben dabei **ungleiche Nenner**. Oft muß man diese Brüche zuerst auf einen **gemeinsamen Nenner** erweitern, bevor sie miteinander verglichen werden können. Bei diesen Bruchvergleichen unterscheiden wir zwei Möglichkeiten:

1. Möglichkeit   Der kleinere Nenner ist im größeren Nenner enthalten, z.B. bei $\frac{3}{4}$ und $\frac{7}{8}$.

2. Möglichkeit   Der kleiner Nenner ist nicht im größeren Nenner enthalten, z.B. bei $\frac{1}{3}$ und $\frac{3}{8}$.

Wir gehen zuerst auf die 1. Möglichkeit ein.

4.2.1 Bruchvergleich, wenn der kleinere Nenner im größeren Nenner enthalten ist

Beispiel   Vergleich von $\frac{3}{4}$ und $\frac{7}{8}$.   Der Nenner 4 ist im Nenner 8 enthalten.

Anwendungs-aufgabe: Sven bekommt $\frac{3}{4}$, Florian $\frac{7}{8}$ einer Tafel Schokolade. Wer bekommt mehr?

Lösungsweg: Um beide Brüche auf einen gemeinsamen Nenner zu bringen, werden die Viertel durch **Erweitern mit 2** in Achtel verwandelt.

$$\frac{3}{4} = \frac{3 \cdot 2}{4 \cdot 2} = \frac{\textbf{6}}{8}$$

◄── Vergiß nicht, auch den Zähler zu verdoppeln, denn der Wert des Bruches soll gleich bleiben.

Vergleich: $\frac{3}{4} \left(= \frac{6}{8} \right)$ ist kleiner als $\frac{7}{8}$.

Übrigens

Auch $\frac{3}{4}$ und $\frac{7}{8}$ kannst du „einfach" (ohne Erweitern) miteinander vergleichen (siehe Fall 3, Seite 33)

Florian bekommt also mehr Schokolade, genau $\frac{1}{8}$ mehr.

Alle Aufgaben zur 1. Möglichkeit – der kleinere Nenner ist im größeren Nenner enthalten – lassen sich einfach lösen, indem der Bruch mit dem kleineren Nenner auf den Nenner des Bruches mit dem größeren Nenner erweitert wird.

Weitere Beispiele dazu sind:

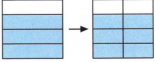

$$\frac{3}{5} \left(= \frac{6}{10} \right) < \frac{7}{10} \qquad \frac{3}{4} \left(= \frac{9}{12} \right) > \frac{8}{12}$$

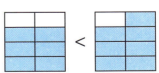

$$\frac{2}{3} \left(= \frac{6}{9} \right) < \frac{7}{9}$$

Aufgaben

1 Welcher Bruch ist größer?

Aufgabe	Auf gemeinsamen Nenner erweitern	Vergleich durchführen
Beispiel $\frac{1}{3}$ oder $\frac{3}{6}$?	$\frac{1}{3} = \frac{1 \cdot \mathbf{2}}{3 \cdot \mathbf{2}} = \frac{2}{6}$	$\frac{3}{6} > \frac{1}{3} \left(= \frac{2}{6} \right)$
a) $\frac{4}{5}$ oder $\frac{7}{10}$?		
b) $\frac{3}{4}$ oder $\frac{7}{12}$?		
c) $\frac{3}{4}$ oder $\frac{5}{8}$?		

2 Wer ist näher am Ziel: Diejenige, die $\frac{3}{4}$ der Strecke gelaufen ist oder derjenige, der $\frac{2}{3} \left(= \frac{8}{12} \right)$ der Strecke gelaufen ist?

a) Löse die Aufgabe zuerst durch Erweitern auf einen gemeinsamen Nenner.

b) Löse sie danach durch einen „einfachen" Vergleich (ohne Erweitern).

3 Durch den sauren Regen ist im Bayerischen Wald die Hälfte des Nadelwalds erkrankt, im Schwarzwald drei Achtel, im Fichtelgebirge drei Viertel. Wo ist der Anteil des kranken Walds am höchsten?

Antwort:

Der Anteil des kranken Walds ist im

Bayerischer Wald: $\frac{1}{2}$ = _____

Schwarzwald: $\frac{3}{8}$ = _____

Fichtelgebirge: $\frac{3}{4}$ = _____

am größten,

am zweitgrößten,

am niedrigsten.

4.2.2 Bruchvergleich, wenn der kleinere Nenner im größeren Nenner nicht enthalten ist

Beispiel

Vergleich von $\frac{1}{3}$ und $\frac{3}{8}$

Anwendungsaufgabe

Jörg bekommt $\frac{1}{3}$, Ilona $\frac{3}{8}$ einer Tafel Schokolade. Wer bekommt mehr?

Lösungsweg

1. Schritt: Gemeinsamen Nenner suchen

Der größere Nenner, hier 8, wird so lange vervielfacht (verdoppelt, verdreifacht usw.), bis ein Nenner gefunden ist, in dem der kleinere Nenner (hier 3) enthalten ist.

➡ Verdoppeln des größeren Nenners: $2 \cdot 8 = 16$.
   In 16 ist der kleinere Nenner 3 nicht enthalten.

➡ Verdreifachen des größeren Nenners: $3 \cdot 8 = 24$.
   In 24 ist der kleinere Nenner 3 enthalten.

Damit ist 24 als der kleinste gemeinsame Nenner von 8 und 3 gefunden. Diesen **kleinsten gemeinsamen Nenner** bezeichnet man auch als **„Hauptnenner"**.

2. Schritt: Erweitern auf den gemeinsamen Nenner (Hauptnenner),
hier: Erweitern auf Vierundzwanzigstel.

Erweitern der Brüche   Darstellung

$$\frac{1}{3} = \frac{\bullet}{24}$$ $$\frac{1}{3} = \frac{1 \cdot \textbf{8}}{3 \cdot \textbf{8}} = \frac{8}{24}$$

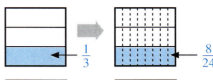

$$\frac{3}{8} = \frac{\bullet}{24}$$ $$\frac{3}{8} = \frac{3 \cdot \textbf{3}}{8 \cdot \textbf{3}} = \frac{9}{24}$$

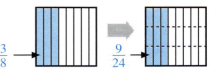

*)
Beachte

Auch $\frac{1}{3}$ und $\frac{1}{8}$ kann man „einfacher" ohne Erweitern beider Brüche vergleichen:

Zuerst erweiterst du $\frac{1}{3}$ zu $\frac{3}{9}$; $\frac{3}{8}$ und $\frac{3}{9}$ kannst du nun nach Fall 2 vergleichen.

3. Schritt: Vergleich der Brüche

$\frac{3}{8} \left(= \frac{9}{24} \right)$ ist größer als $\frac{1}{3} \left(= \frac{8}{24} \right)$

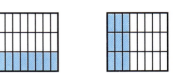

Ilona bekommt also mehr Schokolade als Jörg, genau $\frac{1}{24}$ mehr.*

$$\frac{1}{3} \left(= \frac{8}{24} \right) \quad < \quad \frac{3}{8} \left(= \frac{9}{24} \right)$$

Aufgaben

1 Manche Flaschen mit Fruchtsaft enthalten $\frac{7}{10}$ l, andere $\frac{3}{4}$ l. Welche haben den größeren Inhalt?
Löse die Aufgabe wie im Beispiel Seite 36 - 37.

2 Welcher Bruch ist größer? Berechne wie im Beispiel.

	Kleinsten gemeinsamen Nenner angeben	Brüche auf gemeinsamen Nenner erweitern	Vergleiche durchführen
Beispiel: $\frac{2}{3}$; $\frac{3}{5}$	15	$\frac{2}{3} = \frac{10}{15}$; $\frac{3}{5} = \frac{9}{15}$	$\frac{10}{15} > \frac{9}{15}$
a) $\frac{3}{4}$; $\frac{5}{5}$			
b) $\frac{4}{5}$; $\frac{5}{8}$			
c) $\frac{3}{4}$; $\frac{7}{10}$			
d) $\frac{1}{3}$; $\frac{2}{7}$			
e) $\frac{4}{5}$; $\frac{5}{7}$			
f) $\frac{3}{5}$; $\frac{12}{20}$			
g) $\frac{12}{20}$; $\frac{13}{25}$			

3 a) Eine Befragung von Schülerinnen und Schülern ergab, daß sich $\frac{2}{3}$ der Jungen für Politik interessieren im Vergleich zu $\frac{3}{5}$ der Mädchen.

Wer interessiert sich mehr für Politik?

$$\frac{3}{5} = \underline{\hspace{2cm}} = \underline{\hspace{2cm}}$$

$$\frac{2}{3} = \underline{\hspace{2cm}} = \underline{\hspace{2cm}}$$

Antwort: _____

b) $\frac{3}{8}$ der Jungen einer Klasse interessieren sich für Popmusik im Vergleich zu $\frac{4}{5}$ der Mädchen.

Wer interessiert sich mehr für Popmusik?

$$\frac{3}{8} = \underline{\hspace{2cm}} = \underline{\hspace{2cm}}$$

$$\frac{4}{5} = \underline{\hspace{2cm}} = \underline{\hspace{2cm}}$$

Antwort: _____

c) Löst die Aufgabe 3b auch durch einen einfachen Vergleich (ohne Erweitern).

Hinweis

Hier werden drei Brüche untereinander verglichen. Auch hier wird der größere Nenner solange vervielfacht, bis die beiden kleineren Nenner in einem Vielfachen des größeren Nenners enthalten sind.

4 Würste enthalten unterschiedlich viel Fett:

Teewurst besteht zu $\frac{5}{8}$ aus Fett, Salami zu $\frac{9}{20}$ und Cervelatwurst zu $\frac{2}{5}$ aus Fett:

Bei welcher Wurstsorte ist der Fettanteil am größten, bei welcher am geringsten?

5 In Klasse 4a haben von 20 Schülern 7 den Freischwimmerschein gemacht, in Klasse 4b von 30 Schülern 11.

a) Bestimmt die Bruchteile in Klasse A und Klasse B. **Klasse 4a:** ⬚⁄⬚   **Klasse 4b:** ⬚⁄⬚

b) Vergleicht die beiden Anteile. Erweitert zuerst auf einen gemeinsamen Nenner.

6 Vergleicht folgende Wahlergebnisse. (Es handelt sich hier um gerundete Zahlen.)

Gemeinde A (1 200 Wähler)	Gemeinde B (200 Wähler)	Gemeinde C (1 000 Wähler)
400 SPD	100 SPD	300 SPD
600 CDU	50 CDU	600 CDU
200 Grüne	50 Grüne	100 Grüne

Formt die SPD-Anteile in Hundertstel („Prozente") um und vergleicht sie miteinander (siehe Seite 25 und 26).

Gemeinde A: $\quad \frac{400}{1200} \quad = \quad \frac{400\ :\ 400}{1200\ :\ 400} \quad = \quad \frac{1}{3} \quad \approx \quad \frac{33}{100} \quad = \quad 33\,\%$

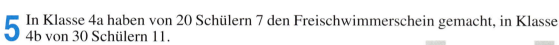

Gemeinde B: $\underline{\hspace{1.5cm}} = \underline{\hspace{2.5cm}} = \underline{\hspace{1cm}} \approx \frac{}{100} = \boxed{}\,\%$

Gemeinde C: $\underline{\hspace{1.5cm}} = \underline{\hspace{2.5cm}} = \underline{\hspace{1cm}} \approx \frac{}{100} = \boxed{}\,\%$

Antwort: Der SPD-Anteil ist in Gemeinde ⬚ mit ⬚ Prozent am höchsten und in Gemeinde ⬚ mit ⬚ Prozent am niedrigsten.

4.3 Ein Kartenspiel: „Leben oder Tod"

Durch das folgende Spiel kannst du das Vergleichen von Brüchen üben.
„Leben oder Tod" ist ein Spiel für 2 Personen, das meistens mit Skatkarten gespielt wird.
Wir nehmen statt dessen Bruchkarten (z.B. $\frac{3}{4}$), der Spielverlauf ist aber ganz ähnlich.

Klebe zunächst die Bruchkarten von Seite 61 und 63 auf dünnen Karton und schneide danach die Karten aus.

Spielvorbereitung: Alle 40 Bruchkarten werden ausgeteilt, und jeder Spieler legt seine Karten in einem verdeckten Stapel vor sich hin.

Spielverlauf: Beide Spieler nehmen die oberste Karte ihres Stapels und legen sie aufgedeckt in die Mitte.

Zum Beispiel:

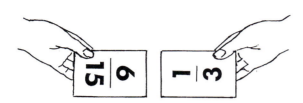

Jetzt wird verglichen: Welcher Bruch hat den größeren Wert?

$$(\frac{6}{15} \text{ oder } \frac{1}{3})$$

Das könnt ihr leicht feststellen, wenn ihr für beide Brüche einen gemeinsamen Nenner sucht und dann entsprechend erweitert.

$$(\frac{1 \cdot ⑤}{3 \cdot ⑤} = \frac{5}{15})$$

Der Spieler, der die Karte mit dem größeren Bruchwert ausgelegt hatte, darf nun beide Karten nehmen und zu einem neuen Stapel neben sich legen.

Was ist aber, wenn beide Bruchkarten den gleichen Wert haben?

Zum Beispiel:

Dann legt jeder Spieler auf seine ausgelegte Karte eine verdeckte, und darauf wieder eine offene.

Zum Beispiel so:

Jetzt wird wieder verglichen, und der Spieler mit dem größeren Bruchwert kann alle 6 Karten einheimsen. Wenn jeder seinen Kartenstapel aufgebraucht hat, mischt er die gewonnenen Karten und nimmt sie als neuen Kartenstapel.

Spielende: Ihr könnt natürlich so lange spielen, bis einer der Spieler keine Karten mehr hat, und damit der andere Sieger ist. Doch das dauert oft ziemlich lange.
Stattdessen könnt ihr aber auch das Spiel zu jedem beliebigen Zeitpunkt beenden. Dann vergleicht ihr einfach eure Kartenstapel: Wer dann am meisten Karten hat, hat gewonnen.

4.4 Zusammenfassung und Test: Vergleichen von Brüchen

Zusammenfassung

Brüche kann man auf verschiedene Weise miteinander vergleichen:

1. Man stellt sie zeichnerisch dar (z.B. auf Karostreifen; Ganze sollten dabei gleich groß sein) und vergleicht sie dann. Dazu findest du im 1. Kapitel viele Beispiele.

2. Durch einfache Vergleiche (ohne Erweitern). Solche Vergleiche zwischen Brüchen sind leicht möglich, wenn ihre Nenner oder Zähler gleich sind (vgl. Seite 33).

   Gleicher Nenner – ungleicher Zähler

   $\frac{3}{4}$ ist größer als $\frac{2}{4}$

   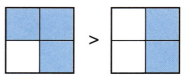

   Der Bruch mit dem größeren Zähler ist größer, weil mehr Teile derselben Sorte (z.B. Viertel) genommen werden.

   Gleicher Zähler – ungleicher Nenner

   $\frac{2}{3}$ ist größer als $\frac{2}{4}$

   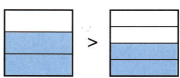

   Der Bruch mit dem kleineren Nenner ist größer, weil seine Stücke größer sind.

   Weitere einfache Möglichkeiten des Vergleichs sind:

   Die **Ergänzung zum Ganzen**

   (z.B. $\frac{5}{6} > \frac{4}{5}$, da bei $\frac{5}{6}$ weniger zum Ganzen fehlt als bei $\frac{4}{5}$) und

   der **Vergleich mit der Hälfte**

   (z.B. $\frac{5}{8} > \frac{2}{5}$, weil $\frac{5}{8}$ größer ist als $\frac{1}{2}$ und $\frac{2}{5}$ kleiner ist als $\frac{1}{2}$).

3. Durch Erweitern auf einen gemeinsamen Nenner. Bei manchen Vergleichen ist es notwendig, einen gemeinsamen Nenner zu suchen und auf diesen Nenner zu erweitern (vgl. dazu Seite 36).

   Beispiel: $\frac{2}{3} > \frac{3}{5}$, da $\frac{2}{3} = \frac{10}{15}$, und $\frac{3}{5} = \frac{9}{15}$.

   Um den gemeinsamen Nenner zu finden, wird der größere Nenner (hier 5) so lange vervielfacht, bis eine Zahl gefunden ist, die auch durch den kleineren Nenner (hier 3) teilbar ist. Bevor du diesen mehr rechnerischen Vergleich durchführst, solltest du immer prüfen, ob der Vergleich nicht auch einfacher möglich ist.

Test

1. Umkreise den größeren Bruchteil. Gib jeweils an, um welchen Fall des einfachen Vergleichs es sich dabei handelt (vgl. Seite 33).

Vergleich	Begründung
a) $\frac{2}{3}$ oder $\frac{3}{7}$	Fall ⬜, weil
b) $\frac{3}{5}$ oder $\frac{3}{6}$	Fall ⬜, weil
c) $\frac{6}{7}$ oder $\frac{5}{7}$	Fall ⬜, weil
d) $\frac{7}{8}$ oder $\frac{8}{9}$	Fall ⬜, weil

2. Führe für folgende Bruchpaare einen Vergleich durch. Schreibe die Ergebnisse auf.

a) $\dfrac{3}{5}$; $\dfrac{12}{20}$ **b)** $\dfrac{3}{4}$; $\dfrac{8}{12}$ **c)** $\dfrac{65}{100}$; $\dfrac{12}{20}$

3. Vergleiche folgende Bruchpaare.

a) $\dfrac{3}{4}$; $\dfrac{5}{7}$ **b)** $\dfrac{3}{5}$; $\dfrac{4}{7}$ **c)** $\dfrac{2}{3}$; $\dfrac{7}{11}$

4. Eine Dose enthält $\dfrac{3}{4}$ l, eine zweite Dose $\dfrac{2}{3}$ l und eine dritte Dose $\dfrac{3}{5}$ l.

Vergleiche die Dosen ihrer Größe nach.

5.* In einer kleinen Gemeinde haben von 380 Wählern 190 die CDU gewählt. In der benachbarten Kreisstadt mit 52 000 haben 20 000 CDU gewählt.

a) Wie groß sind ungefähr die Bruchteile der CDU-Wähler in der kleinen Gemeinde und in der Kreisstadt? (Kürze mit Überschlag.)

b) Wo ist der Bruchteil der CDU-Wähler am größten?

6.* In der folgenden Tabelle findest du Angaben über die Anzahl der Jugendlichen in verschiedenen Ausbildungsberufen. Diese Angaben sind aus dem Statistischen Jahrbuch 1993 der Bundesrepublik Deutschland, S. 443.

Ausbildungsberuf	Männlich	Weiblich	Gesamt
Elektriker	42 031	1 584	43 615
Bürofach- und Bürohilfskräfte	23 224	67 139	90 363
Gartenbauer	4 442	6 152	10 574
Back- und Konditorwarenhersteller	6 440	2 594	9 034

a) Wie groß sind ungefähr die Bruchteile der Frauen in den verschiedenen Ausbildungsberufen? (Kürze mit Überschlag.)

b) Bringe diese Bruchteile der Größe nach in eine Reihenfolge.

7.

IST DOCH KLAR! $\frac{1}{7}$ IST GRÖSSER ALS $\frac{1}{4}$, WEIL 7 GRÖSSER ALS 4 IST.

$\dfrac{1}{7} > \dfrac{1}{4}$

Was macht Peter hier falsch?

5.1 Die zeichnerische Darstellung von Bruchteilen

Vgl. Seite 6 – 10

1 Welche Bruchteile sind blau dargestellt?

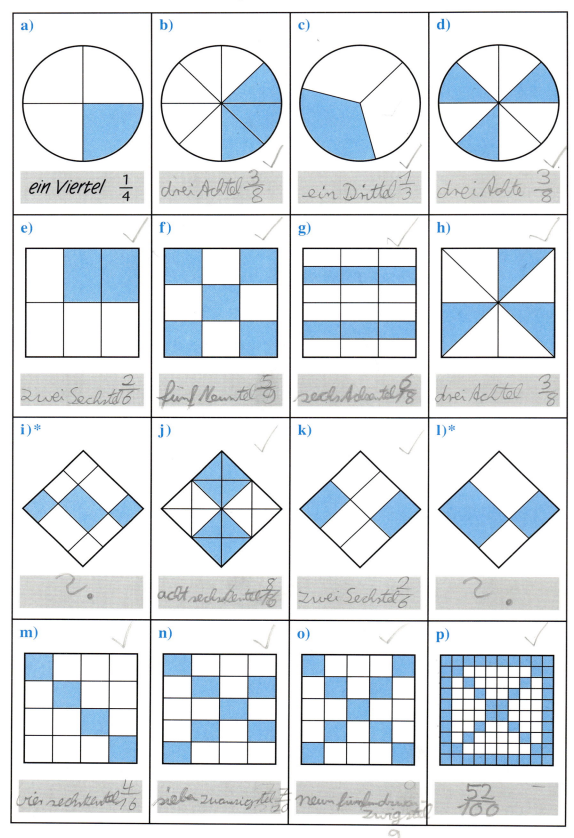

a) ein Viertel $\frac{1}{4}$

b) drei Achtel $\frac{3}{8}$ ✓

c) ein Drittel $\frac{1}{3}$ ✓

d) drei Achtel $\frac{3}{8}$ ✓

e) zwei Sechstel $\frac{2}{6}$ ✓

f) fünf Neuntel $\frac{5}{9}$ ✓

g) sechs Achtzehntel $\frac{6}{18}$ ✓

h) drei Achtel $\frac{3}{8}$ ✓

i)* ?

j) acht sechzehntel $\frac{8}{16}$ ✓

k) zwei Sechstel $\frac{2}{6}$ ✓

l)* ?

m) vier sechzehntel $\frac{4}{16}$ ✓

n) sieben zwanzigstel $\frac{7}{20}$ ✓

o) neun fünfundzwanzigstel $\frac{9}{25}$ ✓

p) $\frac{52}{100}$ ✓

2 Überlege dir, ob in den Abbildungen der Wert des Bruches richtig dargestellt ist. Streiche die falschen Darstellungen der Bruchteile durch.

So kannst du überprüfen, ob die Bruchteile richtig dargestellt sind:
➡ Ergänze, wenn nötig, die Anzahl der Unterteilungen.
➡ Prüfe, ob die Teile dann gleich groß sind.
➡ Die Lage des Ganzen und der Bruchteile spielen keine Rolle.

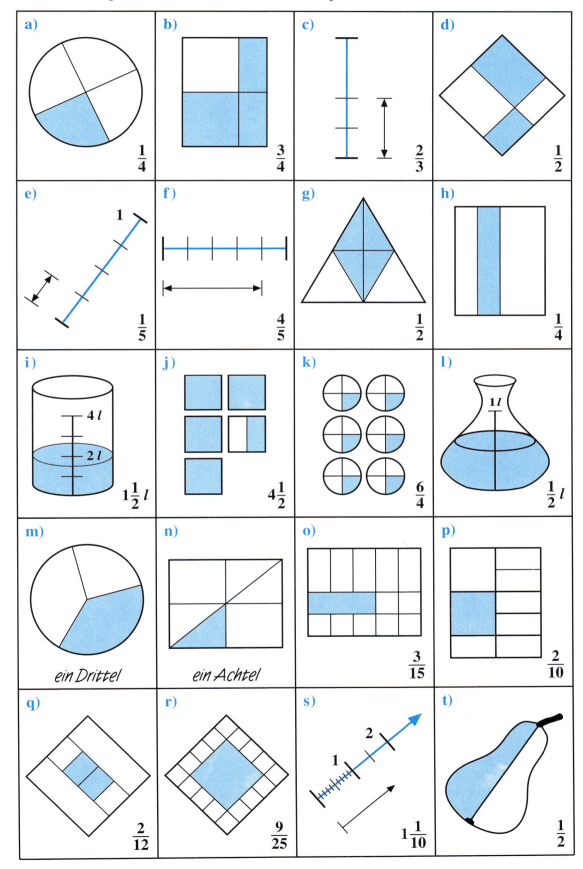

Vgl. Seite 11 – 13

3 Trage auf den folgenden Meßskalen die angegebenen Werte an der passenden Stelle ein.

Werte, die du eintragen sollst	Meßskalen
a) $\dfrac{1}{2}$, $\dfrac{1}{4}$, $\dfrac{3}{4}$	
b) $\dfrac{1}{5}$, $\dfrac{2}{5}$, $\dfrac{3}{5}$, $\dfrac{4}{5}$	
c) $\dfrac{1}{2}$, $\dfrac{3}{4}$, $\dfrac{1}{4}$, $1\dfrac{1}{2}$, $1\dfrac{1}{4}$, $1\dfrac{3}{4}$	

4 Trage die passenden Werte in die grauen Felder ein.

a)

b)
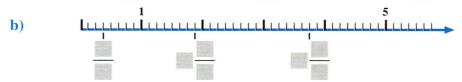

c)
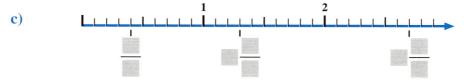

Vgl. Seite 6 – 7

5 Hier sollst du selbst Bruchteile darstellen. Zeichne die folgenden Bruchzahlen jeweils als Bruchteile von Kreisen sowie als Bruchteile von Streifen.

Bruchzahl	Kreisdarstellung	Streifendarstellung
Beispiel: $\dfrac{1}{2}$		
a) $\dfrac{1}{4}$		

Bruchzahl	Kreisdarstellung	Streifendarstellung

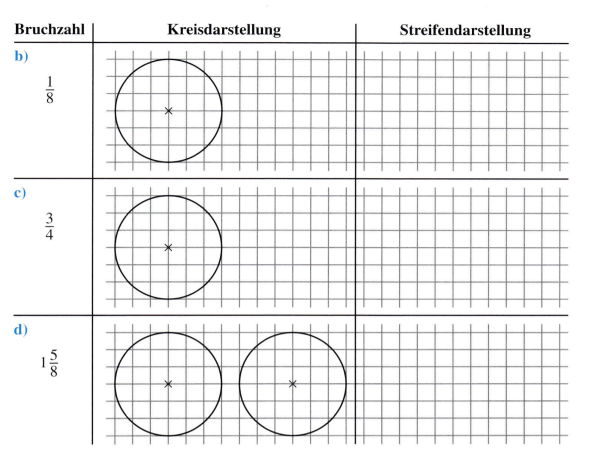

b) $\dfrac{1}{8}$

c) $\dfrac{3}{4}$

d) $1\dfrac{5}{8}$

Vgl. Seite 8 **6** Stelle die folgenden Bruchzahlen als Bruchteile von Rechtecken dar.

Bruchzahl	Rechteckdarstellung

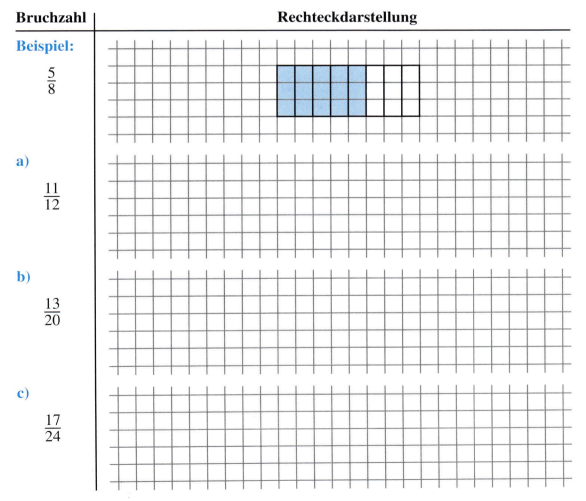

Beispiel: $\dfrac{5}{8}$

a) $\dfrac{11}{12}$

b) $\dfrac{13}{20}$

c) $\dfrac{17}{24}$

5.2 Die Darstellung des Erweiterns und Kürzens

Vgl. Seite 22 – 30

1 Stelle das Erweitern mit Hilfe einer Zeichnung dar.

	Ausgangsbruch	Erweiterter Bruch
Beispiel: $\dfrac{2}{3} = \dfrac{4}{6}$		
a) $\dfrac{1}{4} = \dfrac{3}{12}$		
b) $\dfrac{3}{5} = \dfrac{9}{15}$		
c) $\dfrac{3}{4} = \dfrac{12}{16}$		

2 Bestimme den blau dargestellten Bruchteil, kürze soweit wie möglich.

Ausgangsbruch	Kürzen des Bruches	Gekürzter Bruch
	$\dfrac{10}{20} = \dfrac{10 : 10}{20 : 10} = \dfrac{1}{2}$	
a)		
b)		
c)		

3 Wie wurde hier gekürzt?

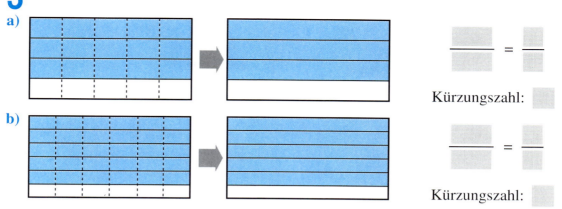

a)

$$\frac{}{} = \frac{}{}$$

Kürzungszahl:

b)

$$\frac{}{} = \frac{}{}$$

Kürzungszahl:

4 * Stelle das Kürzen mit Hilfe einer Zeichnung dar. Die Kürzungszahl sollte man direkt aus der Zeichnung ablesen können (vgl. dazu Aufgabe 3).

a) $\dfrac{8}{12} = \dfrac{2}{3}$

b) $\dfrac{12}{16} = \dfrac{3}{4}$

c) $\dfrac{9}{12} = \dfrac{3}{4}$

d) $\dfrac{15}{20} = \dfrac{3}{4}$

5.3 Zum Verständnis von Bruchzahlen

1 Kreuze jeweils die richtige Antwort an.

a) Der Nenner gibt an,

☐ wie viele der gleichgroßen Stücke genommen werden;
☐ in wie viele Teile das Ganze unterteilt ist;
☐ in wie viele gleichgroße Teile das Ganze unterteilt ist (vgl. Seite 6).

b) Der Wert des Bruches vergrößert sich,

☐ wenn der Nenner größer wird;
☐ wenn der Nenner kleiner wird (vgl. Seite 6 und Seite 33, 2. Fall).

c) Der Zähler gibt an,

☐ wie viele der gleichgroßen Stücke genommen werden;
☐ in wie viele Teile ein Ganzes unterteilt ist (vgl. Seite 7).

d) Der Wert des Bruches vergrößert sich,

☐ wenn der Zähler größer wird;
☐ wenn der Zähler kleiner wird (vgl. Seite 33, 1. Fall).

e) Wenn Zähler und Nenner verdreifacht werden, wird

☐ der Wert des Bruches verdreifacht;
☐ der Wert des Bruches nicht verändert;
☐ der Wert des Bruches verneunfacht (vgl. Seite 22).

f) Wenn ein Bruch gekürzt wird, dann wird

☐ der Wert des Bruches verkleinert;
☐ der Wert des Bruches nicht verändert
☐ der Wert des Bruches vergrößert (vgl. Seite 26).

2 Gebt jeweils drei Brüche an, die kleiner sind als

a) $\frac{1}{2}$

b) $\frac{7}{9}$

c) $\frac{3}{5}$

d) $\frac{1}{8}$

3 Nenne jeweils drei Brüche, die

a) zwischen $\frac{1}{2}$ und $\frac{1}{3}$ liegen;

b) zwischen $\frac{1}{2}$ und $\frac{3}{4}$ liegen;

c) zwischen $1\frac{1}{2}$ und $2\frac{1}{4}$ liegen.

4 * Welcher Bruch liegt genau in der Mitte zwischen folgenden Brüchen?

a) $\frac{1}{4}$ und $\frac{3}{4}$ ⬚ d) 2 und $2\frac{1}{2}$ ⬚

b) $\frac{1}{7}$ und $\frac{5}{7}$ ⬚ e) $\frac{1}{2}$ und $\frac{3}{4}$ ⬚

c) $\frac{1}{2}$ und 1 ⬚ f) $\frac{1}{4}$ und $\frac{1}{2}$ ⬚

5 * Wieviel fehlt jeweils zu 1?

a) $\frac{3}{4} + \frac{\ }{\ } = 1$ d) $\frac{7}{8} + \frac{\ }{\ } = 1$

b) $\frac{5}{6} + \frac{\ }{\ } = 1$ e) $\frac{9}{16} + \frac{\ }{\ } = 1$

c) $\frac{1}{2} + \frac{\ }{\ } = 1$ f) $\frac{9}{10} + \frac{\ }{\ } = 1$

6 * Wieviel fehlt jeweils zu $\frac{1}{2}$?

a) $\frac{1}{4} + \frac{\ }{\ } = \frac{1}{2}$ c) $\frac{3}{10} + \frac{\ }{\ } = \frac{1}{2}$

b) $\frac{3}{8} + \frac{\ }{\ } = \frac{1}{2}$ d) $\frac{5}{12} + \frac{\ }{\ } = \frac{1}{2}$

5.4 Bruchrechnung und Prozentrechnung

1 Erweitert folgende Brüche auf Hundertstel („Prozente"):

a) $\frac{8}{5} = \frac{\ }{100}$ b) $\frac{3}{4} = \frac{\ }{100}$ c) $\frac{3}{20} = \frac{\ }{100}$ d) $\frac{7}{10} = \frac{\ }{100}$ e) $\frac{17}{50} = \frac{\ }{100}$

Vgl. Seite 25 – 26

2 Wie viele Hundertstel (Prozente, abgekürzt %) sind das? Rundet, wenn nötig.

a) $\frac{1}{2} = \frac{\ }{100} = \ \%$ b) $\frac{1}{4} = \frac{\ }{100} = \ \%$ c) $\frac{1}{5} = \frac{\ }{100} = \ \%$

d) $\frac{1}{8} \approx \frac{\ }{100} = \ \%$ e) $\frac{3}{20} = \frac{\ }{100} = \ \%$ f) $1\frac{1}{2} = \frac{\ }{100} = \ \%$

3 Schraffiere im Hundertstelblatt („Prozentblatt") den Wert der folgenden Brüche nach den Ergebnissen von Aufgabe 2. Schraffiere jeweils von unten.
Beachte: 1 Kästchen = 1 Hundertstel

a) $\frac{1}{4}$

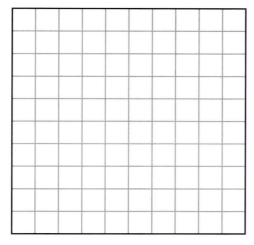

b) $\frac{1}{5}$

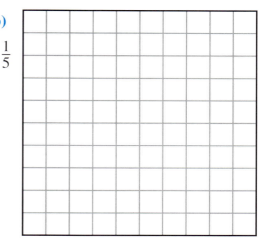

c) $\frac{1}{8}$

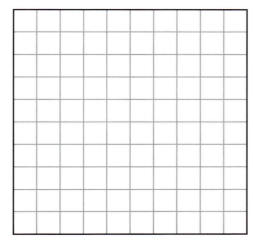

d) $\frac{1}{10}$

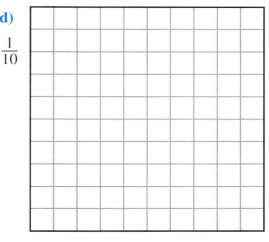

5.5 Vergleichen von Brüchen

Hinweis
Löse die Aufgaben möglichst ohne Erweitern
(vgl. Seite 33 – 35).

1 Setze das zutreffende Zeichen (< oder >) ein.

a) $\frac{1}{3}$ ▮ $\frac{2}{5}$ d) $\frac{4}{7}$ ▮ $\frac{5}{8}$

b) $\frac{2}{5}$ ▮ $\frac{2}{6}$ e) $\frac{4}{9}$ ▮ $\frac{3}{5}$

c) $\frac{3}{6}$ ▮ $\frac{3}{7}$ f) $1\frac{3}{4}$ ▮ $1\frac{3}{7}$

2 Forme zunächst die Brüche in gemischte Zahlen (z.B. $\frac{13}{4} = 3\frac{1}{4}$) um.

Vergleiche und setze danach das zutreffende Zeichen.

a) $\frac{5}{2}$ ▮ $1\frac{3}{4}$ c) $\frac{2}{3}$ ▮ $\frac{8}{21}$

b) $\frac{12}{20}$ ▮ $\frac{20}{12}$ d) $5\frac{3}{8}$ ▮ $\frac{106}{20}$

3 * Kürze mit Überschlag und vergleiche dann.
(vgl. Seite 29 und Seite 30).

a) $\frac{117}{846}$ ▮ $\frac{348}{1963}$

b) $\frac{489}{4061}$ ▮ $\frac{19}{54}$

c) $\frac{903}{225}$ ▮ $\frac{10384}{35079}$

d) $\frac{5}{2}$ ▮ $\frac{941}{486}$

e) $\frac{715}{865}$ ▮ $\frac{4}{3}$

f) $\frac{100}{305}$ ▮ $\frac{300}{915}$

5.6 Die Umrechnung von Längen und Gewichten

G e w i c h t e

$1 \text{ kg} = 1000 \text{ g}$ $1 \text{ g} = \frac{1}{1000} \text{ kg}$

$1 \text{ Pfund} = 500 \text{ g}$ $1 \text{ g} = \frac{1}{500} \text{ Pfund}$

Solche Umrechnungen kommen im Alltag häufig vor.

Wir rechnen in kleinere Maßeinheiten um.

1 **Kilogramm ➡ Gramm**

Vgl. Seite 11 – 13

a) $\frac{1}{4} \text{ kg} = $ ▭ g c) $\frac{3}{4} \text{ kg} = $ ▭ g e) $1\frac{1}{2} \text{ kg} = $ ▭ g

b) $\frac{1}{8} \text{ kg} = $ ▭ g d) $\frac{7}{8} \text{ kg} = $ ▭ g f) $3\frac{3}{8} \text{ kg} = $ ▭ g

2 *** Pfund ➡ Gramm**

a) $\frac{1}{4} \text{ Pfund} = $ ▭ g b) $\frac{3}{4} \text{ Pfund} = $ ▭ g c) $2\frac{1}{2} \text{ Pfund} = $ ▭ g

Wir rechnen in größere Maßeinheiten um.

3 **Gramm ➡ Kilogramm**

a) $250 \text{ g} = \frac{\square}{\square} \text{ kg}$ c) $100 \text{ g} = \frac{\square}{\square} \text{ kg}$ e) $800 \text{ g} = \frac{\square}{\square} \text{ kg}$

b) $200 \text{ g} = \frac{\square}{\square} \text{ kg}$ d) $125 \text{ g} = \frac{\square}{\square} \text{ kg}$ f) $750 \text{ g} = \frac{\square}{\square} \text{ kg}$

4 *** Pfund ➡ Kilogramm**

a) $2\frac{1}{2} \text{ Pfund} = \square \frac{\square}{\square} \text{ kg}$ c) $3\frac{1}{4} \text{ Pfund} = \square \frac{\square}{\square} \text{ kg}$

b) $5 \text{ Pfund} = \square \frac{\square}{\square} \text{ kg}$ d) $3\frac{3}{4} \text{ Pfund} = \square \frac{\square}{\square} \text{ kg}$

Vgl. dazu das Heft Geometrie 1

L ä n g e n m a ß e

$1 \text{ km} = 1000 \text{ m}$ $1 \text{ m} = \frac{1}{1000} \text{ km}$

$1 \text{ m} = 100 \text{ cm}$ $1 \text{ cm} = \frac{1}{100} \text{ m}$

Wir rechnen in kleinere Maßeinheiten um.

Vgl. Seite 9

5 *** Kilometer ➡ Meter**

a) $\frac{1}{10} \text{ km} = $ ▭ m c) $\frac{1}{4} \text{ km} = $ ▭ m e) $2\frac{1}{2} \text{ km} = $ ▭ m

b) $\frac{1}{100} \text{ km} = $ ▭ m d) $\frac{3}{4} \text{ km} = $ ▭ m f) $3\frac{2}{5} \text{ km} = $ ▭ m

6 **Meter** ➡ **Zentimeter**

a) $\frac{1}{2}$ m = `50` cm   b) $\frac{1}{4}$ m = `25` cm   c) $3\frac{3}{4}$ m = `375` cm

Wir rechnen in größere Maßeinheiten um.

7 **Meter** ➡ **Kilometer**

a) 200 m = ⬚/⬚ km   c) 800 m = ⬚/⬚ km   e) 4600 m = ⬚ ⬚/⬚ km

b) 333 m ≈ ⬚/⬚ km   d) 2250 m = ⬚ ⬚/⬚ km   f) 6750 m = ⬚ ⬚/⬚ km

8 **Zentimeter** ➡ **Meter**

a) 350 cm = `3` $\frac{1}{2}$ m   c) 240 cm = `2` ⬚/⬚ m   e) 80 cm = ⬚/⬚ m

b) 20 cm = ⬚/⬚ m   d) 666 cm ≈ ⬚ ⬚/⬚ m   f) 275 cm = ⬚ ⬚/⬚ m

5.7 Bruchteile von Strecken

1 * Wieviel m sind

a) $\frac{2}{3}$ von 1500 m ⬚ m   d) $\frac{4}{5}$ von 20000 m ⬚ m

b) $\frac{3}{4}$ von 5000 m ⬚ m   e) $\frac{2}{3}$ eines Marathonlaufs (42000 m)

c) $\frac{1}{4}$ von 10000 m ⬚ m   ⬚ m

2 Welchen Bruchteil einer **Strecke von 3000 m** bist du gelaufen, und welchen Bruchteil der Strecke mußt du noch laufen?
Vervollständige die Tabelle und kürze wenn möglich.

	gelaufener Bruchteil der Strecke	noch zu laufender Bruchteil der Strecke
a) nach 500 m	⬚/⬚	⬚/⬚
b) nach 1000 m	⬚/⬚	⬚/⬚
c) nach 2500 m	⬚/⬚	⬚/⬚

3 * Welchen Bruchteil einer **Strecke von 42 km** ist ein Marathonläufer gelaufen und welchen Bruchteil muß er noch laufen? Kürze soweit wie möglich.

	gelaufener Bruchteil der Strecke	noch zu laufender Bruchteil der Strecke
a) nach 6 km	⬚/⬚	⬚/⬚
b) nach 14 km	⬚/⬚	⬚/⬚
c) nach 21 km	⬚/⬚	⬚/⬚
d) nach 28 km	⬚/⬚	⬚/⬚

5.8 Anwendungsaufgaben

Hier findet ihr noch einige interessante Anwendungen der Bruchrechnung. Diese Aufgaben sind nicht ganz einfach. Helft euch gegenseitig.

1 Frau März kauft beim Metzger Fleisch. Wieviel muß sie dafür bezahlen? **Rundet zuerst** die angegebenen Preise, z.B. 3,79 DM ≈ 3,80 DM.

Beachtet

Sonderangebote !

☆ Schweinekamm
   1 kg **7,99** DM

☆ Schweineschulter
   1 kg **6.79** DM

☆ Rinderrollbraten
   1 kg **9,98** DM

Ich hätte gerne 2½ kg Schweineschulter, ¾ kg Schweinekamm und ¾ kg Rinderrollbraten.

Aber gerne!

2 Bei welchem Angebot ist 1 kg Vollkornbrot teurer? Rundet zuerst die Preise. Kreuzt das teurere Angebot an.

1. Angebot	**2. Angebot**
1 kg kostet	$\frac{1}{4}$ kg kostet
2,29 DM	0,99 DM

3 *Bei welchem Multivitaminsaft ist 1 *l* billiger?

Rundet zuerst die Preise.

Kreuzt das billigere Angebot an.

$\frac{3}{4}$ *l* $\frac{7}{10}$ *l*

2,99 DM   2,45 DM

4 Eine Familie von 6 Personen ißt zu Weihnachten eine 4 kg schwere Gans.

a) Wie lautet die Divisionsaufgabe?

Vgl. Seite 17

☐ : ☐

b) Welchen Bruchteil eines kg bekommt durchschnittlich jede Person?

5 Ulrike hat zu ihrem Geburtstag 4 Kuchen gebacken, die von 12 Personen völlig aufgegessen wurden.

a) Wie lautet die Divisionsaufgabe?

☐ : ☐

b) Wieviel Kuchen hat jede Person durchschnittlich gegessen?

6 Seinen fünfzigsten Geburtstag feiert Hans Apel mit 30 geladenen Gästen. Die Gäste essen ein Spanferkel von 20 kg.

a) Wie lautet die Divisionsaufgabe?

☐ : ☐

b) Welchen Bruchteil eines kg hat jeder Gast durchschnittlich gegessen?

7 Mutter hat für ihre 5 Kinder 12 Pfannkuchen gebacken.

Wie viele Pfannkuchen kann jedes Kind im Durchschnitt essen?

8 * In den Vereinigten Staaten von Amerika haben die Schüler an 180 Tagen im Jahr Unterricht, in der Bundesrepublik an 220 Tagen und in Japan an 240 Tagen.

a) Welcher Bruchteil eines Jahres ist das jeweils? Rundet und kürzt. Rechnet 1 Jahr = 360 Tage

Vereinigte Staaten: $\dfrac{}{} = \dfrac{}{}$ Bundesrepublik: $\dfrac{}{} = \dfrac{}{}$ Japan: $\dfrac{}{} = \dfrac{}{}$

b) Wie groß ist etwa der Bruchteil der **schulfreien Tage** in diesen Ländern?

Vereinigte Staaten: $\dfrac{}{} = \dfrac{}{}$ Bundesrepublik: $\dfrac{}{} = \dfrac{}{}$ Japan: $\dfrac{}{} = \dfrac{}{}$

9 * In der Bundesrepublik sind 1985 an Herzinfarkt gestorben: 48 056 Männer und 33 970 Frauen. Wie groß ist etwa der Bruchteil der Männer und der Frauen von der Gesamtzahl der Personen, die an Herzinfarkt gestorben sind?

Männer: $\dfrac{}{}$ Frauen: $\dfrac{}{}$

10 * Ein Reiterhof mit 12 Pferden hat monatlich folgende Kosten:

Futter: 1000 DM, Lohn: 2500 DM, Tierarzt: 500 DM, Miete: 1500 DM, Sonstiges (wie Reparaturen, Versicherungen): 500 DM

a) Bestimmt die Bruchteile der einzelnen Ausgabenposten von den Gesamtkosten. Rechnet im Heft.

Futter: $\dfrac{}{}$ Lohn: $\dfrac{}{}$ Tierarzt: $\dfrac{}{}$ Miete: $\dfrac{}{}$ Sonstiges: $\dfrac{}{}$

b) Stellt die Bruchteile als Anteile eines Rechtecks dar:

c) Versucht die verschiedenen Bruchteile als Anteile einer Kreisscheibe darzustellen.

Der ganze Kreis entspricht 360°

$\frac{1}{6}$ des Kreises $\hat{=}$ 360° : 6 = 60°

$\frac{1}{12}$ des Kreises $\hat{=}$ 360° : 12 = 30°

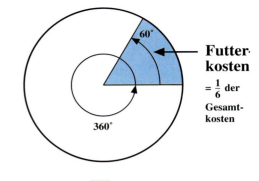

Futter-kosten
$= \frac{1}{6}$ der **Gesamt-kosten**

Futter: $\frac{1}{6}$ von 360° = 60°

Lohn: ▢/▢ von 360° = ▢ °

Tierarzt: ▢/▢ von 360° $\hat{=}$ ▢ °

Miete: ▢/▢ von 360° = ▢ °

Sonstiges: ▢/▢ von 360° $\hat{=}$ ▢ °

11 Familie März verfügt über ein Monatseinkommen von 2500 DM. Davon verbraucht sie für Essen 1000 DM, für Miete 750 DM und für das Auto 250 DM.

Essen: ▢/▢ = ▢/▢   **Wohnung:** ▢/▢ = ▢/▢

a) Welchen Bruchteil des Monatsein-kommens gibt die Familie für Essen, wel-chen für Wohnung und welchen für das Auto aus? Kürze soweit wie möglich.

Auto: ▢/▢ = ▢/▢   **Rest:** ▢/▢ = ▢/▢

b) Stelle die verschiedenen Bruchteile als Teile eines Rechtecks dar. Dazu mußt du zuerst die Brüche auf einen gemeinsamen Nenner erweitern (am besten hier auf Zehntel).

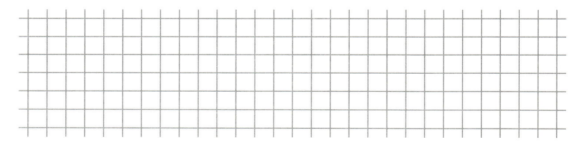

c) Die verschiedenen Anteile kannst du nun farbig ausmalen, z.B. Essen *rot*, Wohnung *blau*, Auto *grün* und Rest *braun*.

12 Familie Meister verfügt über ein Monatseinkommen von 5000 DM. Davon verbraucht sie für Essen 1250 DM, für Miete 1000 DM und für das Auto 500 DM im Monat.

Essen: ▢/▢ = ▢/▢   **Wohnung:** ▢/▢ = ▢/▢

a) Welchen Bruchteil des Monatsein-kommens gibt diese Familie für Essen, welchen für Wohnung und welchen für das Auto aus? Kürze soweit wie möglich.

Auto: ▢/▢ = ▢/▢   **Rest:** ▢/▢ = ▢/▢

b) Erweitere diese Brüche auf den Nenner 20.

c) Stelle auch hier die verschiedenen Bruchteile in einem Rechteck dar.

d) Male die verschiedenen Anteile wie in Aufgabe 11 farbig aus.

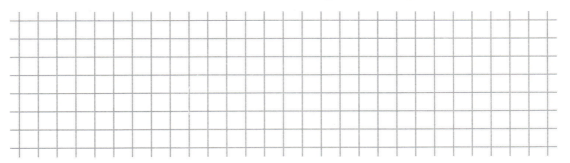

e) Wandle die Bruchteile von Aufgabe 11 und 12 in Hundertstel (Prozente) um.

f) Vergleiche die Bruchteile der einzelnen Aufgabenposten von Familie März mit denen von Familie Meister. Trage dazu die fehlenden Hundertstel in das folgende „Säulendiagramm" ein. Dein(e) Lehrer(in) hilft dir dabei.

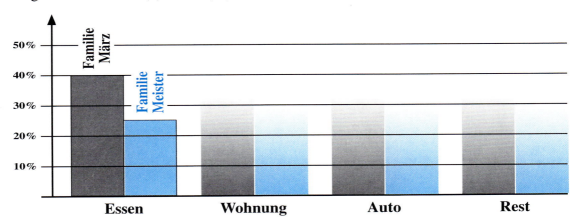

13* Ein Bauer hat auf seinem Bauernhof 10 Hektar (ha) Futtergetreide, 60 ha Weizen, 15 ha Wiesen, 30 ha Zuckerrüben und 5 ha Kartoffeln, Gemüse und Obst angebaut.

a) Bestimme die Bruchteile der verschiedenen Anbauteile an der gesamten Anbaufläche.

b) Wandle die Bruchteile in Hundertstel (Prozente) um (ungefähre Angaben genügen).

c) Stelle die Anbaufläche in einem Hundertstelquadrat dar.

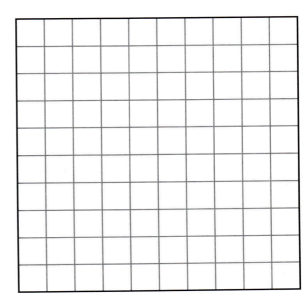

d) Versuche, die verschiedenen Bruchteile auch als Anteile einer Kreisscheibe darzustellen. (vgl. Aufgabe 10 c.)

Futtergetreide: $\frac{1}{12}$ von 360° = 360° : 12 = 30°

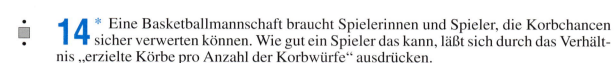

Weizen: ⬜/⬜ von 360° = ⬜ °

Wiesen: ⬜/⬜ von 360° = ⬜ °

Zuckerrüben: ⬜/⬜ von 360° = ⬜ °   **Kartoffeln usw.:** ⬜/⬜ von 360° = ⬜ °

14 * Eine Basketballmannschaft braucht Spielerinnen und Spieler, die Korbchancen sicher verwerten können. Wie gut ein Spieler das kann, läßt sich durch das Verhältnis „erzielte Körbe pro Anzahl der Korbwürfe" ausdrücken.

Beispiel Bernd war bei 25 Korbwürfen 20mal erfolgreich. Bernd hat also 20 von 25 möglichen Körben erzielt, also $\frac{20}{25} = \frac{80}{100} = 80\%$.

Ein Trainer will nun herausfinden, welche Spielerinnen und Spieler am erfolgreichsten im Verwerten von Korbchancen sind. Er hat folgende Angaben. Ergänzt.

*) Kürzt so, daß ihr leicht auf Hundertstel erweitern könnt.

Spieler	Korbwürfe	erzielte Körbe	Bruchteile ➡ Prozent*		
Martin	30	10	⬜/⬜	≈ ⬜/100	= ⬜ %
Lina	10	5	⬜/⬜	≈ ⬜/100	= ⬜ %
Jenny	50	20	⬜/⬜	≈ ⬜/100	= ⬜ %
Gerhard	80	60	⬜/⬜	≈ ⬜/100	= ⬜ %
Jan	40	25	⬜/⬜	≈ ⬜/100	= ⬜ %
Thomas	70	35	⬜/⬜	≈ ⬜/100	= ⬜ %
Nicole	90	70	⬜/⬜	≈ ⬜/100	= ⬜ %
Gabi	125	90	⬜/⬜	≈ ⬜/100	= ⬜ %

Welche zwei Spieler können Korbchancen am besten verwerten? ⬜

Welche zwei Spieler können sie am schlechtesten verwerten? ⬜

15 * Viele Schachspielerinnen und Schachspieler, die an Mannschaftsspielen teilnehmen, möchten ganz genau wissen, wie erfolgreich sie im letzten Jahr gespielt haben.

Sie setzen dabei die Zahl der erzielten Punkte zur Zahl der gespielten Partien in Beziehung.

Dabei zählt eine gewonnene Partie 1 Punkt, eine unentschiedene Partie einen halben Punkt, eine verlorene Partie zählt 0 Punkte.

Beispiel Corinna hat 12 Partien gespielt, davon 7 Partien gewonnen (7 Punkte), 2 Partien unentschieden gespielt (1 Punkt) und 3 Partien verloren (0 Punkte).

Daraus ergibt sich:

$$\frac{\text{Zahl der erzielten Punkte}}{\text{Zahl der möglichen Punkte}} = \frac{7+1}{12} = \frac{8}{12} = \frac{2}{3} \approx \frac{67}{100} = 67\%$$

Antwort: Corinna hat 67% der möglichen Punkte „geholt".

Wie erfolgreich waren ihre Mannschaftskameraden?

Spieler	gewonnene Partien	unentschie-dene Partien	verlorene Partien	Bruchteile	Prozente
Bernd	8	4	6	▭/▭	▭ %
Elena	5	2	5	▭/▭	▭ %
Uwe	3	2	5	▭/▭	▭ %
Ulrike	4	4	6	▭/▭	▭ %
Ayla	9	0	1	▭/▭	▭ %
Daniel	0	8	4	▭/▭	▭ %
Theo	6	6	0	▭/▭	▭ %
Sylvia	3	4	0	▭/▭	▭ %

5.9 Schlußtest zu „Bruchrechnung 1"

1. Stelle die folgenden Brüche als Bruchteile von Streifen dar.

a) $\frac{3}{5}$

b) $\frac{5}{7}$

c) $1\frac{2}{3}$

d) $1\frac{3}{4}$

2. Welche Bruchteile sind hier jeweils dargestellt? Ergänze.

Beispiel: $\frac{1}{2}$

a)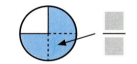

b)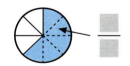

c)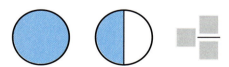

d)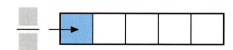

e)

f)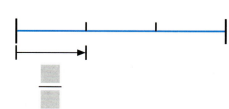

g)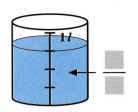

h)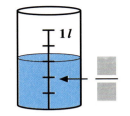

3. Rechne in die größere Maßeinheit um.

a) $250 \text{ g} = \frac{}{} \text{ kg}$

b) $250 \text{ cm} = \square \frac{}{} \text{ m}$

c) $1500 \text{ g} = \square \frac{}{} \text{ kg}$

d) $75 \text{ cm} = \frac{}{} \text{ m}$

4. Rechne in die kleinere Maßeinheit um.

a) $\frac{1}{2} \text{ m} = \square \text{ cm}$

b) $\frac{1}{4} \text{ kg} = \square \text{ g}$

c) $\frac{3}{4} \text{ kg} = \square \text{ g}$

d) $\frac{3}{4} \text{ h} = \square \text{ min}$

5. Kürze soweit wie möglich.

a) $\frac{8}{12} = \frac{}{}$

b) $\frac{12}{16} = \frac{}{}$

c) $\frac{40}{100} = \frac{}{}$

d) $\frac{75}{100} = \frac{}{}$

e) $\frac{125}{1000} = \frac{}{}$

f) $\frac{8}{40} = \frac{}{}$

6. Erweitere auf Hundertstel.

a) $\dfrac{3}{4} = \dfrac{\boxed{}}{100}$

c) $\dfrac{5}{20} = \dfrac{\boxed{}}{100}$

b) $\dfrac{2}{5} = \dfrac{\boxed{}}{100}$

d) $\dfrac{15}{25} = \dfrac{\boxed{}}{100}$

7. Ergänze.

a) $\dfrac{2}{3} = \dfrac{\boxed{}}{12}$

c) $\dfrac{18}{45} = \dfrac{2}{\boxed{}}$

b) $\dfrac{5}{8} = \dfrac{\boxed{}}{40}$

d) $\dfrac{50}{65} = \dfrac{\boxed{}}{13}$

8. Begründe, warum beim Erweitern mit 2 der Wert des Bruches gleich bleibt?

Beispiel: $\dfrac{2}{3} = \dfrac{4}{6}$

9. Wenn du den Bruch $\dfrac{9}{12}$ durch 3 kürzt, erhälst du $\dfrac{3}{4}$.

Begründe am Kuchenmodell, warum du in beiden Fällen den gleichen Teil des Kuchens bekommst.

10. Ergänze jeweils das Zeichen $<$, $>$ oder $=$.

Du brauchst dazu die Brüche nicht erst auf einen gemeinsamen Nenner erweitern.

Begründe jeweils deine Entscheidung.

a) $\dfrac{3}{4}$ $\boxed{}$ $\dfrac{9}{12}$, weil

b) $\dfrac{7}{9}$ $\boxed{}$ $\dfrac{7}{8}$, weil

Hinweis
Überprüfe mit Hilfe des Lösungsteils genau, wo du noch Fehler gemacht hast. Wenn du in bestimmten Bereichen noch Schwierigkeiten hast, spreche mit deinem Lehrer / deiner Lehrerin darüber und lasse dir noch ein paar Übungsaufgaben dazu zusätzlich geben.

c) $\dfrac{2}{3}$ $\boxed{}$ $\dfrac{1}{3}$, weil

11. Erweitere beide Brüche jeweils auf den Hauptnenner und vergleiche.

a) $\dfrac{2}{3} = \dfrac{\boxed{}}{\boxed{}}$ $\qquad$ $\dfrac{3}{4} = \dfrac{\boxed{}}{\boxed{}}$ $\qquad$ $\dfrac{2}{3}$ $\boxed{}$ $\dfrac{3}{4}$

b) $\dfrac{4}{5} = \dfrac{\boxed{}}{\boxed{}}$ $\qquad$ $\dfrac{7}{9} = \dfrac{\boxed{}}{\boxed{}}$ $\qquad$ $\dfrac{4}{5}$ $\boxed{}$ $\dfrac{7}{9}$

12. Drei Freundinnen pflücken an einem Nachmittag 2 kg Heidelbeeren. Am Abend wollen sie die Heidelbeeren gerecht aufteilen.

Welchen Bruchteil eines Kilogramms bekommt jede der Freundinnen? $\quad$

13. Familie Schmidt hat im Monat 3 000 DM zur Verfügung. Davon wird für Miete 800 DM ausgegeben, für Essen 1 000 DM, das Auto kostet monatlich 200 DM.

a) Welche Bruchteile des Einkommens gibt Familie Schmidt für Miete, Essen und das Auto aus? Gib möglichst einfache Bruchteile an.

Miete $\dfrac{\boxed{}}{\boxed{}}$ $\quad$ **Essen** $\dfrac{\boxed{}}{\boxed{}}$ $\quad$ **Auto** $\dfrac{\boxed{}}{\boxed{}}$

b) Welcher Bruchteil des Einkommens bleibt übrig? $\quad$ $\dfrac{\boxed{}}{\boxed{}}$

14. Von 750 wahlberechtigten Einwohnern haben 300 die SPD gewählt. Welcher Bruchteil ist das? $\quad$ $\dfrac{\boxed{}}{\boxed{}}$

Kürze den Bruchteil soweit wie möglich $\quad$ $\dfrac{\boxed{}}{\boxed{}}$

15. Für ein Fest mit 8 Personen wurden 5 Pizzas gebacken.

Welchen Bruchteil erhält jede Person, wenn die Pizzas gleichmäßig aufgeteilt werden?

6 Anhang: Die häufigsten Brüche im Alltag

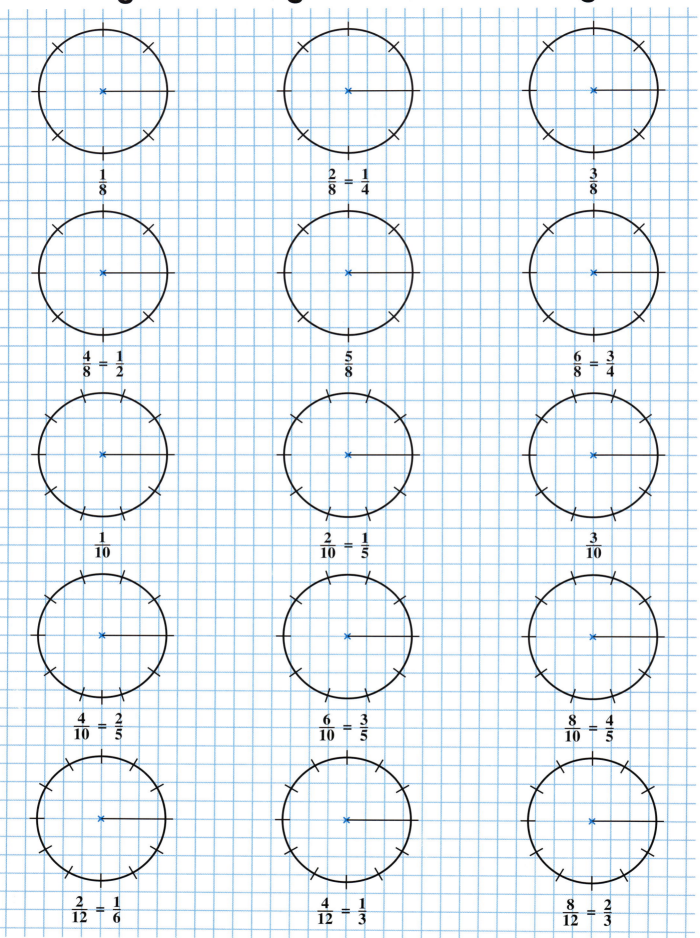

Spielkarten zum Spiel: „Leben oder Tod"

Spielanleitung siehe Seite 39. Weitere Karten auf Seite 63.

$\dfrac{1}{2}$	$\dfrac{2}{4}$	$\dfrac{3}{6}$	$\dfrac{4}{8}$	$\dfrac{5}{10}$
$\dfrac{1}{3}$	$\dfrac{2}{6}$	$\dfrac{3}{9}$	$\dfrac{4}{12}$	$\dfrac{5}{15}$
$\dfrac{1}{4}$	$\dfrac{2}{8}$	$\dfrac{3}{12}$	$\dfrac{4}{16}$	$\dfrac{5}{20}$
$\dfrac{1}{5}$	$\dfrac{2}{10}$	$\dfrac{3}{15}$	$\dfrac{4}{20}$	$\dfrac{5}{25}$

✄ Gestrichelte Linien ausschneiden.

Spielkarten zum Spiel: „Leben oder Tod"
Spielanleitung siehe Seite 39.

$\dfrac{2}{3}$	$\dfrac{4}{6}$	$\dfrac{6}{9}$	$\dfrac{8}{12}$	$\dfrac{6}{15}$
$\dfrac{8}{20}$	$\dfrac{10}{25}$	$\dfrac{20}{25}$	$\dfrac{4}{5}$	$\dfrac{8}{10}$
$\dfrac{12}{15}$	$\dfrac{16}{20}$	$\dfrac{10}{12}$	$\dfrac{3}{4}$	$\dfrac{6}{8}$
$\dfrac{9}{12}$	$\dfrac{12}{16}$	$\dfrac{15}{20}$	$\dfrac{2}{5}$	$\dfrac{4}{10}$

✂ Gestrichelte Linien ausschneiden.

Eine Bruchscheibe herstellen und damit arbeiten

Bruchteile kannst du mit zwei Kreisscheiben herstellen. Auf der nächsten Seite findest du die beiden Kreisscheiben zum Ausschneiden. Gehe folgendermaßen vor:

➡ **Schneide die beiden Scheiben aus.**

➡ **Schneide sie an der Markierung (✂) vom Rand bis zum Mittelpunkt (M) ein.**

➡ **Füge sie bei den Schnittstellen so zusammen:**

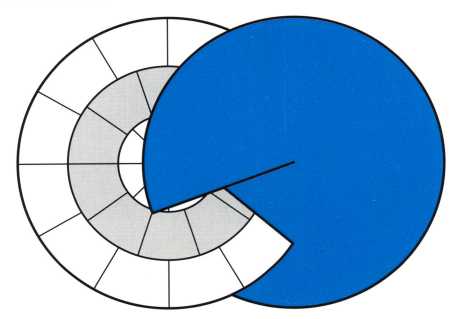

Fertig! Nun kannst du verschieden große Bruchteile herstellen, indem du beide Scheiben gegeneinander drehst.
Eine Scheibe enthält Einteilungen. Sie soll dir helfen, einige Brüche genau einzustellen:

Im inneren Kreis „Achtel", im mittleren (grauen) Ring „Zehntel" und im äußeren Ring „Zwölftel". Die „Zwölftel-Einteilung" erinnert dich bestimmt an das Zifferblatt einer Uhr.

Überlege: Wie können die Zwölftel dir helfen, Drittel, Viertel und Sechstel einzustellen?

1. Beispiel: $\frac{2}{12} = \frac{1}{6}$

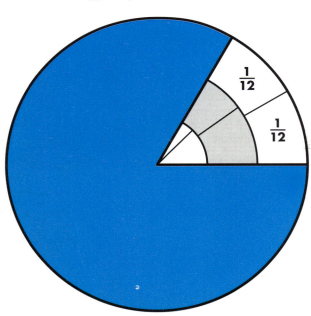

2. Beispiel: $\frac{5}{8}$

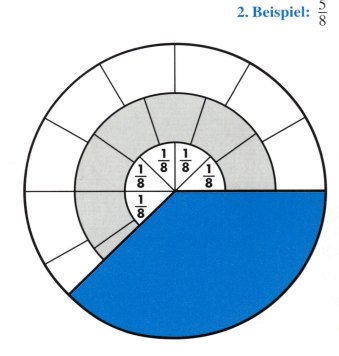